Heidelberger Taschenbücher Band 37

Volker Aschoff

# *Einführung in die Nachrichten-übertragungstechnik*

Mit 121 Abbildungen

Springer-Verlag  Berlin  Heidelberg  New York  1968

Dr.-Ing. VOLKER ASCHOFF
Professor an der Technischen Hochschule Aachen

ISBN-13: 978-3-540-04181-8    e-ISBN-13: 978-3-642-95056-8
DOI: 10.1007/ 978-3-642-95056-8

# Vorwort

Die elektrische Nachrichtentechnik hat sich in den zurückliegenden Jahrzehnten besonders stürmisch entwickelt. Sowohl neue Erkenntnisse als auch neue Werkstoffe und Bauelemente haben es nicht nur erlaubt, schon klassisch gewordene Aufgaben besser und wirtschaftlicher zu lösen, sie haben darüber hinaus der Nachrichtentechnik auch vielseitige neue Aufgabengebiete erschlossen. Die Nachrichtenübertragungstechnik vermag heute Nachrichtenverbindungen aller Art über alle terrestrischen Entfernungen herzustellen; die Technik der Datenverarbeitung erlaubt, eine ständig steigende Zahl von Informationen in immer kürzerer Zeit zu sammeln, zu ordnen und miteinander zu verknüpfen.

Diese ständig beschleunigt verlaufende Entwicklung führt zwangsläufig zu einer fortschreitenden Differenzierung und Spezialisierung der Ausbildung und Tätigkeit der im Bereich der Nachrichtentechnik tätigen Ingenieure. Wie jede Spezialisierung birgt diese Entwicklung die Gefahr in sich, daß der Überblick über das Ganze verloren geht und manche fruchtbare Wechselbeziehung nicht mehr erkannt und genutzt werden kann. Auch erschwert die wachsende Stoff-Fülle ein erstes Verständnis für ein in seiner Vielseitigkeit so faszinierendes, aber gerade deshalb nur noch so schwer überschaubares Teilgebiet der Elektrotechnik.

Die hier vorgelegte Einführung in die Nachrichtenübertragungstechnik will einen solchen ersten Überblick wenigstens über denjenigen Bereich erleichtern, der sich die Übertragung von Nachrichten mit Hilfe elektrischer Geräte und Anlagen zur Aufgabe setzt. Unter bewußtem Verzicht auf Vollständigkeit und spezielle technische Einzelheiten soll das Buch dem künftigen Ingenieur der Nachrichtentechnik den Zugang zu der weiterführenden Spezialliteratur erleichtern.

Elektrische Nachrichtentechnik und Energietechnik (Starkstromtechnik) bauen auf den gleichen physikalischen Grundlagen der Elektrizitätslehre auf. Sie unterscheiden sich in charakteristischer Weise dadurch, daß die Nachrichtentechnik die Energie nur als Mittel zum Zweck, nämlich zur Darstellung und Übertragung von Nachrichten benutzt, während die Energietechnik die Energie um ihrer selbst willen bereitstellt und überträgt. Dieser Unterschied in der Aufgabenstellung hat lange Zeit hindurch dazu geführt, daß sich die beiden großen Teilgebiete der Elektrotechnik weitgehend unabhängig voneinander weiterentwickelten. Die zunehmende Bedeutung der Steuerung und Regelung im Bereich der Energietechnik, das Anwachsen der Senderleistungen im Bereich der Nachrichtentechnik und die zunehmende Bedeutung der theoretischen Erkenntnisse und technologischen Erfahrungen beider Teilbereiche für die Kernenergie und die direkte Energieumwandlung führen heute beide Gebiete wieder enger zusammen. So soll dies Buch auch dem künftigen in der Energietechnik tätigen Ingenieur einen ersten Einblick in ein Gebiet geben, mit dem er im beruflichen und privaten Leben häufig zu tun haben wird.

Das Buch setzt die elementaren Kenntnisse der Physik, der Elektrotechnik und der Methode der komplexen Behandlung von Schwingungsvorgängen voraus. Es beschränkt sich darauf, die Problemstellung zu erläutern und an charakteristischen Beispielen technische Lösungsmöglichkeiten und theoretische Beschreibungsmethoden aufzuzeigen.

Kapitel 1 dient vor allem der Klarstellung der im Bereich der Nachrichtentechnik benutzten Begriffe. Es sollte zweckmäßig sowohl vor als auch noch einmal nach dem Studium der übrigen Kapitel gelesen werden. In Kapitel 2 bis 6 werden die wichtigsten Anwendungsgebiete der Nachrichtenübertragungstechnik behandelt. Kapitel 7 weist auf Probleme hin, die bei der Überbrückung großer Entfernungen auftreten. Während diese Kapitel einen ersten Überblick über die Technik der Nachrichtenübermittlung vermitteln sollen, enthalten die Kapitel 8 bis 10 eine einführende Darstellung der allen Anwendungsgebieten gemeinsamen theoretischen Grundlagen. Der Anhang enthält als exemplarische Beispiele für die Denkweise der Nachrichtentechnik etwas ausführlichere Darstellungen über logarithmische Vergleichsmaßstäbe und über Leistungsanpassung sowie einige Tabellen und Kurventafeln, die für Studium und Berufstätigkeit dienlich sein können.

Die benutzte Terminologie und die Schreibweise der Gleichungen hält sich soweit wie möglich an die Empfehlungen des Ausschusses für Einheiten und Formelgrößen (AEF) im Deutschen Normenausschuß (DNA). In den Fällen, in denen in der Literatur häufig auch abweichende Begriffe benutzt werden, wird hierauf ausdrücklich hingewiesen.

Aachen, im Juni 1968

VOLKER ASCHOFF

# Inhaltsverzeichnis


1. Nachricht und Nachrichtenübertragungstechnik . . . . . . .   1

   a) Das Wesen der Nachricht . . . . . . . . . . . . . . . . . .   1
   b) Das technische Nachrichtensystem als Glied einer Nachrichten-
      übertragung . . . . . . . . . . . . . . . . . . . . .   3
   c) Nachrichtenquellen . . . . . . . . . . . . . . . . . . .   3
   d) Die Darstellung von Nachrichten durch Signale . . . . . . . .   4
   e) Die Aufgaben der elektrischen Nachrichtenübertragungstechnik   5

2. Telegraphie . . . . . . . . . . . . . . . . . . . . . . . .   6

   a) Aufgabenstellung und Lösungsmöglichkeiten . . . . . . . . .   6
   b) Der Morse-Telegraph . . . . . . . . . . . . . . . . . .  10
   c) Die Fernschreibmaschine . . . . . . . . . . . . . . . . .  11
   d) Der Hell-Schreiber . . . . . . . . . . . . . . . . . . .  15
   e) Quantitative Beschreibung von Telegraphiesystemen . . . . .  17
   f) Datenübertragung . . . . . . . . . . . . . . . . . . . .  19

3. Telephonie (Fernsprechtechnik) . . . . . . . . . . . . . . .  19

   a) Übertragungstechnik . . . . . . . . . . . . . . . . . . .  19
   b) Vermittlungstechnik . . . . . . . . . . . . . . . . . . .  26

4. Bildübertragung . . . . . . . . . . . . . . . . . . . . . .  36

   a) Bildtelegraphie . . . . . . . . . . . . . . . . . . . . .  36
   b) Das Zeitgesetz der Nachrichtentechnik . . . . . . . . . . .  38
   c) Fernsehen . . . . . . . . . . . . . . . . . . . . . . .  38

5. Elektroakustik . . . . . . . . . . . . . . . . . . . . . . .  41

   a) Elektroakustische Wandler . . . . . . . . . . . . . . . .  42
   b) Das Schallfeld . . . . . . . . . . . . . . . . . . . . .  44
   c) Anpassung elektroakustischer Wandler an das Schallfeld . . .  47
   d) Die Lautstärke . . . . . . . . . . . . . . . . . . . . .  52

6. Fernwirktechnik . . . . . . . . . . . . . . . . . . . . . .  55

   a) Fernmessung . . . . . . . . . . . . . . . . . . . . . .  55
   b) Mehrfachübertragung von Meßwerten . . . . . . . . . . . .  59
   c) Fernsteuerung . . . . . . . . . . . . . . . . . . . . .  60
   d) Selbsttätige Gefahrenmeldeanlagen . . . . . . . . . . . .  62

7. Weitverkehrstechnik . . . . . . . . . . . . . . . . . . . .  63

   a) Grundsätzliche Aufgabenstellung . . . . . . . . . . . . .  63
   b) Pegeldiagramm . . . . . . . . . . . . . . . . . . . . .  67

c) Gegensprechbetrieb in Übertragungssystemen mit Verstärkern  69
d) Mehrfachausnutzung von Übertragungssystemen . . . . . . . .  71
e) Modulation (Frequenzumsetzung)  . . . . . . . . . . . . . .  73

8. Physikalische Eigenschaften der Signale . . . . . . . . . . .  79

9. Physikalische Eigenschaften der Übertragungssysteme . . .  83

a) Vierpoltheorie . . . . . . . . . . . . . . . . . . . . . .  85
b) Leitungstheorie . . . . . . . . . . . . . . . . . . . . .  92
c) Der Anpassungsübertrager. . . . . . . . . . . . . . . . . 100

10. Einfluß der Übertragungssysteme auf die Signale . . . . . . 105

a) Verzerrungsfreie Übertragungssysteme . . . . . . . . . . . 107
b) Lineare Verzerrungen. . . . . . . . . . . . . . . . . . . 107
c) Nichtlineare Verzerrungen. . . . . . . . . . . . . . . . . 109
d) Nachrichtenfluß und Kanalkapazität . . . . . . . . . . . . 111

## Anhang

A 1. Logarithmische Vergleichsmaßstäbe . . . . . . . . . . . . . 117

a) Zeitliche Dämpfung . . . . . . . . . . . . . . . . . . . . 117
b) Räumliche Dämpfung. . . . . . . . . . . . . . . . . . . . 118
c) Dämpfungsmaß . . . . . . . . . . . . . . . . . . . . . . 119
d) Frequenzmaß . . . . . . . . . . . . . . . . . . . . . . . 119
e) Vereinbarte Bezugspunkte für logarithmische Vergleichsmaßstäbe . . . . . . . . . . . . . . . . . . . . . . . . . . 120

A 2. Leistungsanpassung  . . . . . . . . . . . . . . . . . . . . 120

a) Ersatzschaltungen für elektrische Energiequellen . . . . . . . 120
b) Leistungsanpassung bei Gleichstrom . . . . . . . . . . . . 121
c) Leistungsanpassung bei Wechselstrom . . . . . . . . . . . 124
d) Relativer Leistungsanpassungsfehler . . . . . . . . . . . . 132

A 3. Übersichten und Diagramme . . . . . . . . . . . . . . . . 132

a) Wichtige Organisationen und Verbände . . . . . . . . . . . 132
b) Fernmeldeanlagen im Bereich der Bundesrepublik Deutschland 133
c) Neper- und Dezibeldiagramm (0···120 dB) . . . . . . . . . 134
d) Neper- und Dezibeldiagramm (0···10 dB) . . . . . . . . . 135
e) Leistungs- und Spannungspegeldiagramm . . . . . . . . . . 136
f) Schallpegeldiagramm . . . . . . . . . . . . . . . . . . . 137
g) Wellenlängendiagramm . . . . . . . . . . . . . . . . . . 138
h) Häufig benutzte Funktionen und ihre Näherungen . . . . . . 139
i) Fehlergrenzen einfacher Näherungsformeln . . . . . . . . . 140
j) Fachbezogene Bedeutung einiger Fremdwörter . . . . . . . . 140

Sachverzeichnis . . . . . . . . . . . . . . . . . . . . . . . 142

# 1. Nachricht und Nachrichtenübertragungstechnik

## a) Das Wesen der Nachricht

Die Welt, in der wir leben, ist voller Organismen und Systeme, die durch einen gegenseitigen Austausch von Energie und Materie untereinander und mit ihrer Umwelt in enger Wechselbeziehung stehen. Je differenzierter diese Organismen und Systeme sind, desto deutlicher tritt neben dem Austausch von Energie und Materie um ihrer selbst willen — als Wärme oder Nahrung — eine dritte Art von Kommunikation in Erscheinung. Bei ihr dienen energetische Vorgänge oder materielle Zustände nur als Träger von Reizen oder Befehlen, Fragen oder Antworten, Beobachtungen oder Behauptungen, kurz von Informationen aller Art, die von einem Absender an einen Empfänger ausgesendet werden oder von einem Empfänger als für ihn relevant aufgenommen oder gesucht werden.

Alle denkbaren Arten solcher Informationen sollen unter dem Begriff *Nachricht* zusammengefaßt werden. Eine strenge und zugleich umfassende Definition des Begriffes ,,Nachricht`` ist außerordentlich schwierig, nicht zuletzt, weil Nachrichten im obenstehenden Sinn unter den verschiedensten Aspekten beobachtet werden können. Auf drei für die Nachrichtentechnik wichtige Aspekte wird im folgenden hingewiesen:

1. Eine Nachricht kann nur dann die Kenntnis des Empfängers mehren (oder eine gewünschte Reaktion bei dem Empfänger auslösen), wenn sie einen verstehbaren Sinngehalt hat. Sie erhält diesen Sinngehalt in einem naturwissenschaftlichen Experiment durch die Fragestellung des Beobachters, bei der elementaren Kommunikation zwischen Lebewesen durch angeborene oder erlernte Verknüpfungen zwischen Reiz und Reflex, bei technischen Steuer- und Regelsystemen durch die mechanische oder elektrische Zuordnung von Signalen und Reaktionen, bei einem gewollten Nachrichtenaustausch zwischen Menschen durch einen zumindest teilweise gemeinsamen Vorrat von vereinbarten Begriffen. Mit dem Sinngehalt von Nachrichten, die der Kommunikation zwischen Menschen dient, beschäftigt sich die *Semantik*.

2. Unter verschiedenen Nachrichten vergleichbaren Sinngehalts und vergleichbarer Relevanz erhält eine einzelne Nachricht eine um so größere Bedeutung, je weniger vorhersehbar sie ist. Mit den quantitativen Zusammenhängen zwischen der Wahrscheinlichkeit für das Aussenden oder das Eintreffen einer bestimmten Nachricht oder eines bestimmten Nachrichtenelementes einerseits und dem Informationsgehalt der Nachricht andererseits beschäftigt sich die *statistische Informationstheorie*.

3. Eine Nachricht kann von einem Empfänger nur wahrgenommen werden, wenn sie in der physischen Welt durch beobachtbare Zustände oder Vorgänge abgebildet wird. Die physikalischen Repräsentationen einer Nachricht werden *Signale* — im weitesten Sinne des Wortes — genannt. Die Eigenschaften von Signalen zu untersuchen und Methoden zur Umformung, Speicherung, Übertragung und Verarbeitung von Signalen in technischen Systemen zu entwickeln, ist Aufgabe der *Nachrichtentechnik*. Für die Nachrichtentechnik wird ein Signal durch meßbare Funktionen des Ortes und/oder der Zeit beschrieben. Solche Funktionen werden im folgenden *Signalfunktionen* genannt.

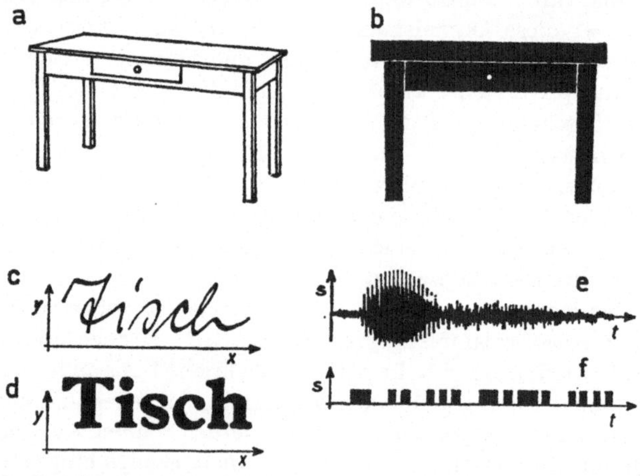

Bild 1.1 Eine Nachricht kann — bei gleichbleibendem Sinngehalt — durch verschiedene Signalfunktionen dargestellt werden, beispielsweise durch Ortsfunktionen: Bild (a), Symbol (b), Handschrift (c), Druckschrift (d) usw. oder durch Zeitfunktionen: Sprachschwingung (e), Morsezeichen (f) usw.

Nachricht wird hier als übergeordneter Begriff verwendet, dessen Bedeutung sowohl den Sinngehalt als auch die physikalische Repräsentation umfaßt. Der Begriff Signal ist dagegen auf die physikalische Repräsentation, d. h. auf die Abbildung der Nachricht in der physischen Welt, beschränkt.

Im Bereich der Nachrichtentechnik kann zwischen diesen beiden Begriffen nicht immer scharf unterschieden werden. So können beispielsweise die Buchstaben eines Alphabetes im abstrakten Sinn als die Elemente einer quantisierten Nachricht aufgefaßt werden; genau so gut können sie aber auch als Elemente aus einem begrenzten Vorrat diskreter Signale betrachtet werden. Im folgenden werden daher bis zu einem gewissen Grade die Begriffe Nachricht und Signal synonym verwendet.

Es ist charakteristisch für das Wesen der Nachricht, daß sie bei gleichbleibendem semantischem Sinngehalt durch eine Vielzahl von Signalfunktionen dargestellt werden kann. So kann ein Begriff durch ein Bild, durch ein gesprochenes, geschriebenes oder gedrucktes Wort oder auch mit Hilfe eines Telegraphencodes oder einer symbolischen Darstellung repräsentiert werden (Bild 1.1).

Umgekehrt können einer bestimmten Signalfunktion von verschiedenen Empfängern unterschiedliche Sinngehalte zugeordnet werden. Deshalb ist zum Verständnis einer Nachricht ein „Schlüssel" notwendig, der entweder vereinbart sein kann (z. B. Kommunikation zwischen Menschen gleicher Sprache oder zwischen technischen Systemen mit gemeinsamem Code) oder durch einen Lernvorgang erworben werden kann (z. B. Kommunikation zwischen Erwachsenen und Kindern oder ein wissenschaftliches Experiment).

## b) Das technische Nachrichtensystem als Glied einer Nachrichtenübertragung

Ein technisches Nachrichtensystem verbindet *Nachrichtenquellen* mit *Nachrichtensenken* (Bild 1.2). Der *Nachrichtenkanal* hat die Aufgabe, den Raum oder die Zeit oder beides zu überbrücken. Überbrückt er den Raum, sprechen wir von einem *Übertragungssystem*, überbrückt er die Zeit, von einem *Speicher*. Im allgemeinen Fall liegt zwischen der Nachrichtenquelle und dem Kanal ein *Sendegerät* und zwischen dem Kanal und der Nachrichtensenke ein *Empfangsgerät*.

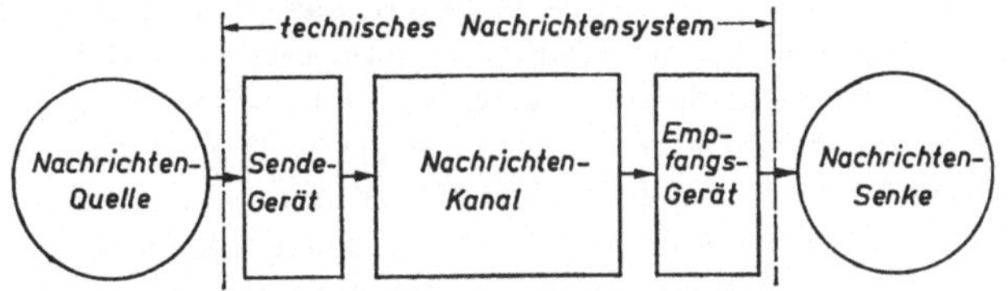


Bild 1.2 Allgemeines Schema eines technischen Nachrichtensystems.

## c) Nachrichtenquellen

Aus der Sicht der Nachrichtentechnik lassen sich bei makroskopischer Betrachtungsweise zwei Klassen von Nachrichtenquellen unterscheiden:

1. Nachrichtenquellen, die über eine theoretisch unbegrenzte Zahl beliebig mannigfaltiger Nachrichten verfügen, z. B. Sprachen, Bilder, stetig veränderliche physikalische Größen, die der Messung zugänglich sind. Für solche Quellen wird hier die Bezeichnung polyangelmatische Quelle (von πολύς = vielfältig und τὸ ἄγγελμα = die Nachricht) vorgeschlagen (beliebig vielfältige Quelle).

2. Nachrichtenquellen, die nur über eine begrenzte Zahl diskreter Nachrichtenelemente (Zeichen) verfügen, z. B. Buchstabentexte, Ziffernfolgen, Befehle einer Verkehrssignalanlage. Für solche Quellen wird hier

die Bezeichnung oligosemantische Quelle (von ὀλίγος = wenig, in geringer Anzahl und τὸ σῆμα = das Zeichen) vorgeschlagen (Quellen mit begrenzter Zahl diskreter Zeichen).

Eine Einteilung der Nachrichtenquellen in diese beiden Klassen ist an sich willkürlich, weil beide ineinander übergeführt werden können. So kann jede Nachricht, die aus einer polyangelmatischen Quelle stammt, bei Verzicht auf letzte Feinheiten in diskrete Elemente zerlegt werden (*quantisiert* werden), z. B. bei der Darstellung der Sprache durch Buchstaben oder bei der tabellarischen Darstellung einer an sich stetigen Funktion durch Ziffern. Umgekehrt können durch genügend lange Kombinationen der Elemente einer oligosemantischen Quelle beliebig viele Nachrichten zusammengestellt werden, z. B. in der Form eines Buchstabentextes. Trotzdem erscheint in einer Einführung in die elektrische Nachrichtentechnik die hier vorgenommene Unterscheidung gerechtfertigt. Denn auch die technischen Nachrichtensysteme lassen sich in zwei große Klassen einteilen, nämlich einmal in Systeme, die geeignet sind, beliebig mannigfaltige Signale aufzunehmen, zu übertragen und an eine Nachrichtensenke abzugeben (Telephonie, Rundfunk, Fernsehen), und in Systeme, die nur einen begrenzten Vorrat von Signalelementen zu übertragen gestatten (Telegraphie, Datenübertragung, Signalanlagen).

Eine solche Einteilung der technischen Nachrichtensysteme stellt ebenfalls nur ein relativ grobes Schema dar, das einen ersten Überblick über die Vielfalt der Nachrichtenübertragungssysteme erleichtern soll. Im einzelnen gibt es auch hier gegenseitige Überschneidungen. So gibt es beispielsweise sowohl Fernmeßsysteme, die im Rahmen der Meß- und Ablesegenauigkeit jeden beliebigen Meßwert innerhalb eines begrenzten Meßbereiches zu übertragen gestatten, als auch solche, die den Meßbereich in eine endliche Zahl von Stufen unterteilen und in Form von Ziffern nur den diskreten Wert der Stufe übertragen, innerhalb derer der Meßwert sich im Zeitpunkt der Übertragung befindet.

### d) Die Darstellung von Nachrichten durch Signale

Wie die folgenden Kapitel zeigen werden, gibt es viele Möglichkeiten, Nachrichten mit Hilfe elektrischer Signale zu übertragen. So können Eingangssignale, die aus einer polyangelmatischen Nachrichtenquelle stammen, durch elektrische Zeitfunktionen übertragen werden, die hinsichtlich wenigstens einer charakteristischen Kenngröße (z. B. Amplitude, Hüllkurve oder Augenblicksfrequenz) dem Eingangssignal proportional verlaufen (z. B. klassische Telephonie). Man spricht dann von einer *analogen* Abbildung des Eingangssignals in dem Übertragungssystem.

Bei stetig veränderlichen Eingangssignalen braucht es nicht notwendig zu sein, jeden Augenblickswert der Eingangszeitfunktion zu übertragen. Unter bestimmten Voraussetzungen genügt es vielmehr, den jeweiligen Wert des Eingangssignals nur in bestimmten Zeitabständen abzutasten und zu übertragen. An die Stelle einer stetigen Energieströmung des Übertragungssystems tritt eine Folge von Energieimpulsen, deren Größe oder deren Lage gegenüber einem vorgegebenen Zeitraster stetig veränderlich und dem Wert des Eingangssignals im Augenblick der Abtastung proportional ist. Sofern die Abtastung — gemessen an der zeitlichen Änderung des Eingangssignals — genügend häufig erfolgt, kann der Nachrichtensenke ein Ausgangssignal zugeführt werden, das dem Eingangssignal weitgehend entspricht.

Bei der Übertragung von Nachrichten, die aus einer oligosemantischen Quelle mit einem beschränkten Vorrat von Nachrichtenelementen stammen, genügen meist wenige einfache Signalformen (Elementarsignale) für die Übertragung. Den einzelnen Elementen der Quelle werden Kombinationen dieser Elementarsignale zugeordnet, die vereinbarte Zuordnung wird *Code* genannt, man spricht von einer codierten Übertragung der Nachrichtenelemente in dem Übertragungssystem (z. B. klassische Telegraphie).

Quantisiert man schließlich das Signal einer polyangelmatischen Nachrichtenquelle durch Einordnung in diskrete Wertestufen, dann läßt sich die Nachricht durch eine Folge von Zahlen, die den Wertestufen zugeordnet sind, darstellen und mit Hilfe eines den Zahlen zugeordneten Codes übertragen. In diesem Fall spricht man von einer *digitalen Abbildung* und einer *codierten Übertragung einer quantisierten Nachricht*.

## e) Die Aufgaben der elektrischen Nachrichtenübertragungstechnik

Die elektrische Nachrichtenübertragungstechnik benutzt die Energiefortpflanzung in elektromagnetischen Feldern, um Signale von einem Sender zu einem Empfänger zu übertragen. Dazu müssen entweder die Signale selbst durch physikalische Größen dargestellt werden, die eine Energiefortpflanzung entlang Leitungen oder im freien Raum ermöglichen, oder es muß eine Energieströmung bereitgestellt werden, die durch Signale gesteuert werden kann.

Bei der technischen Realisierung der hierzu notwendigen Geräte und Einrichtungen (Wandler, Modulatoren, Verstärker, Leitungen, drahtlose Übertragungsstrecken) müssen die Verzerrungen und die Störungen berücksichtigt werden, die die Signale in den einzelnen Teilen eines Übertragungssystems erleiden können.

Das Ziel jeder Entwicklung auf dem Gebiet der Nachrichtentechnik sind technische Geräte oder Anlagen, die einerseits eine Nachricht mit einer den jeweiligen Anforderungen genügenden Qualität zu übertragen gestatten, die aber auch andererseits diese Aufgabe mit einem möglichst geringen wirtschaftlichen Aufwand erfüllen.

# 2. Telegraphie

## a) Aufgabenstellung und Lösungsmöglichkeiten

Telegraphie (von τῆλε = in der Ferne und γράφειν = schreiben) war im 19. Jahrhundert Oberbegriff für „jede Vorrichtung, welche eine Nachrichtenbeförderung dadurch ermöglicht, daß der an einem Ort zum sinnlichen Ausdruck gebrachte Gedanke an einem entfernten Ort wahrnehmbar wieder erzeugt wird, ohne daß der Transport eines Gegenstandes mit der Nachricht erfolgt" (SCHEFFLER in „Der Gerichtssaal" 1884).

Heute faßt man unter dem Begriff Telegraphie diejenigen Übertragungssysteme zusammen, die einen begrenzten Vorrat diskreter Nachrichtenelemente zu übertragen gestatten (oligosemantische Nachrichtenquelle). Meist umfaßt dieser Vorrat die Buchstaben eines Alphabetes, die Ziffern eines Zahlensystems, die wichtigsten Satzzeichen und einige einfache mathematische Zeichen. Nennt man eine aus solchen Elementen gebildete Nachricht einen *alphanumerischen Text*, kann man Telegraphie als alphanumerisches Übertragungsverfahren kennzeichnen.

Die Aufgabe, einen alphanumerischen Text in die Ferne zu übertragen, läßt sich grundsätzlich mit zwei verschiedenen Verfahren lösen, die an Beispielen aus der Entwicklungsgeschichte der elektrischen Telegraphie erläutert werden sollen:

Das *Selektionsverfahren* (Bild 2.1) benutzt ein Empfangsgerät, das über den vollständigen Vorrat aller zu übertragenden Nachrichtenelemente verfügt. Eine bestimmte Nachricht wird.durch die aufeinanderfolgende Auswahl ihrer Elemente übertragen. Der elektrolytische Telegraph von SÖMMERRING benötigte für die Auswahl jedes Elementes eine eigene Leitung (also bei 25 Buchstaben und 10 Ziffern 35 Leitungen), der elektrostatische Telegraph von RONALDS benötigte nur eine Leitung, die mit Hilfe einer Elektrisiermaschine aufgeladen und über eine Erdtaste entladen werden konnte; Sender und Empfänger waren mit synchron umlaufenden Zeichenscheiben ausgerüstet, und die Auswahl eines bestimmten Zeichens erfolgte durch Entladung der Leitung in dem Zeitpunkt, in dem dieses Zeichen einer feststehenden Marke gegenüberstand. WHEATSTONE schließlich ließ die Zeichenscheibe des Empfängers stillstehen und traf die Auswahl mit Hilfe eines Zeigers, der schrittweise auf das gewünschte Element weitergedreht werden konnte.

Bei dem *Code-Verfahren* (Bild 2.2) werden die zu übertragenden Nachrichtenelemente durch vereinbarte Kombinationen aus wenigen einfachen Signalelementen dargestellt. GAUSS und WEBER benutzten als solche Signalelemente die Ausschläge eines Galvanoskopes nach rechts oder links. Die vereinbarten Kombinationen bestanden aus auf-

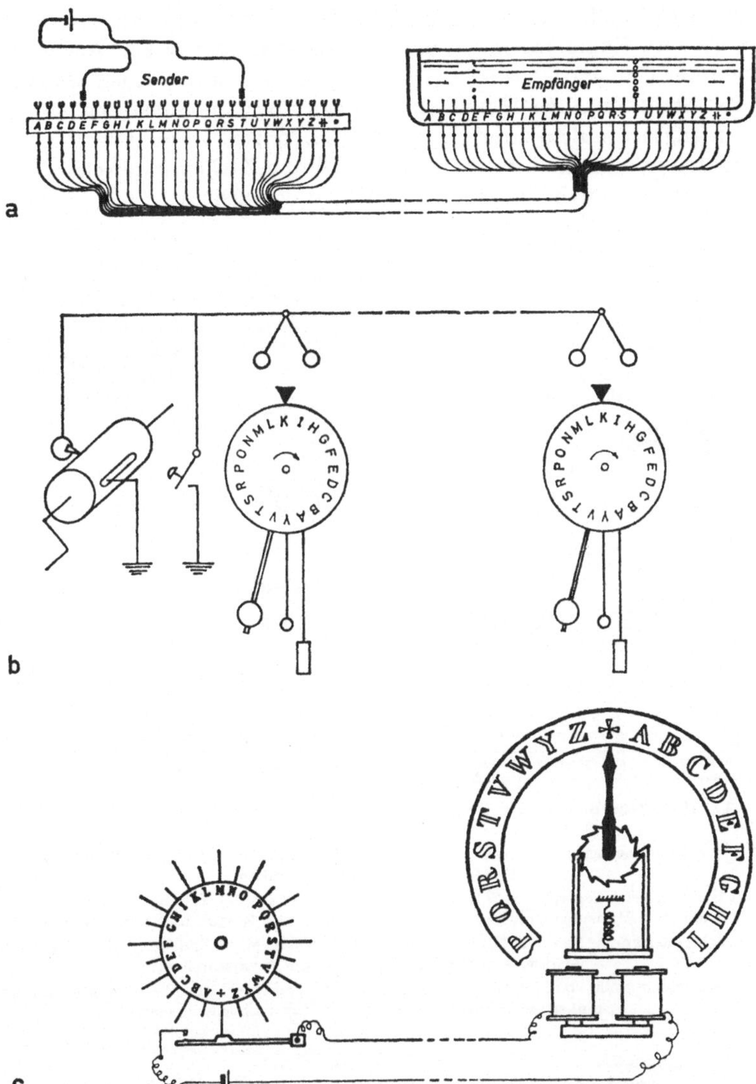


Bild 2.1 Historische Beispiele für Telegraphiesysteme, die das Selektionsverfahren benutzen.

a) Elektrolytischer Telegraph von SÖMMERRING (1809); Auswahl über individuelle Leitungen, Anzeige durch elektrolytische Gasabscheidung an durch Buchstaben gekennzeichneten Elektroden.

b) Elektrostatischer Telegraph von RONALDS (1816); Auswahl durch die zeitliche Zuordnung (Koinzidenz) der Erdung einer elektrostatisch aufgeladenen Leitung zu der jeweiligen Stellung einer umlaufenden Zeichenscheibe, Anzeige durch die räumliche Zuordnung eines Buchstaben zu einer Markierung in dem Augenblick, in dem die als Elektroskop dienenden Holundermarkkügelchen infolge der Entladung der Leitung zusammenfallen.

c) Zeigertelegraph von WHEATSTONE (1840); Auswahl durch schrittweise Fortbewegung eines Zeigers mit Hilfe eines Elektromagneten und eines Steigrades, Anzeige durch die räumliche Zuordnung, von Zeiger und Buchstabenscheibe bei längerem Stillstand des Zeigers.

einanderfolgenden Ausschlägen (*Seriencode*). SCHILLING VON CANNSTATT bildete die Kombinationen durch die rechten oder linken Ausschläge mehrerer Galvanoskope, die gleichzeitig angesteuert wurden (*Parallelcode*). STEINHEIL und MORSE gingen dazu über, die Signalelemente am Empfangsort aufzuschreiben, STEINHEIL durch Kombinationen von Punkten in zwei Reihen, MORSE zuerst durch Zacken unterschiedlicher Form, später durch Punkte und Striche (Code-Schrift).

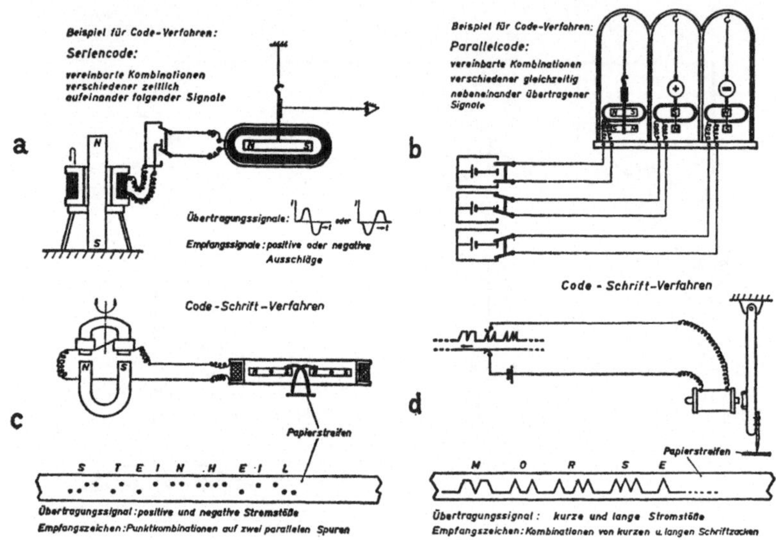


Bild 2.2　Historische Beispiele für Telegraphiesysteme, die das Code- und Code-Schrift-Verfahren benutzen.

a) Elektromagnetischer Telegraph von GAUSS und WEBER (1833); Sendegerät: Magnetinduktor, Empfangsgerät: Spiegelgalvanoskop.

b) Galvanischer Telegraph von SCHILLING VON CANNSTATT (1832?); Sendegerät: Kombinationen von galvanischen Elementen und Umschalttasten, Empfangsgerät: Kombination von Galvanoskopen.

c) Schreibtelegraph von STEINHEIL (1836); Sendegerät: Magnetinduktor, Empfangsgerät: polarisierte elektromagnetisch betätigte Punktschreiber.

d) Schreibtelegraph von MORSE (1837); Sendegerät: galvanisches Element und Kontaktschiene, Empfangsgerät: elektromagnetisch betätigter Linienschreiber.

Von besonderer praktischer Bedeutung wurde *die Verbindung von Code- und Selektionsverfahren* (Bild 2.3). Der Fünfnadeltelegraph von COOKE und WHEATSTONE benutzt die Ausschläge von je zwei von fünf Galvanoskopen zur Auswahl der Nachrichtenelemente. BAUDOT benutzt einen Telegraphencode, der jedem Nachrichtenelement ein Muster von fünf Ja-Nein-Entscheidungen zuordnet. Das einem Buchstaben oder Zeichen zugeordnete Muster wird auf der Sendeseite parallel gespeichert, von einem umlaufenden Kollektor nacheinander abgefragt und in einer Folge von zugeordneten Signalelementen in Serie übertragen, im Empfangsgerät über einen synchron umlaufenden Kollektor erneut parallel gespeichert und mit Hilfe eines mechanisch wirkenden Selektors dazu benutzt, aus dem auf dem Umfang eines Typenrades

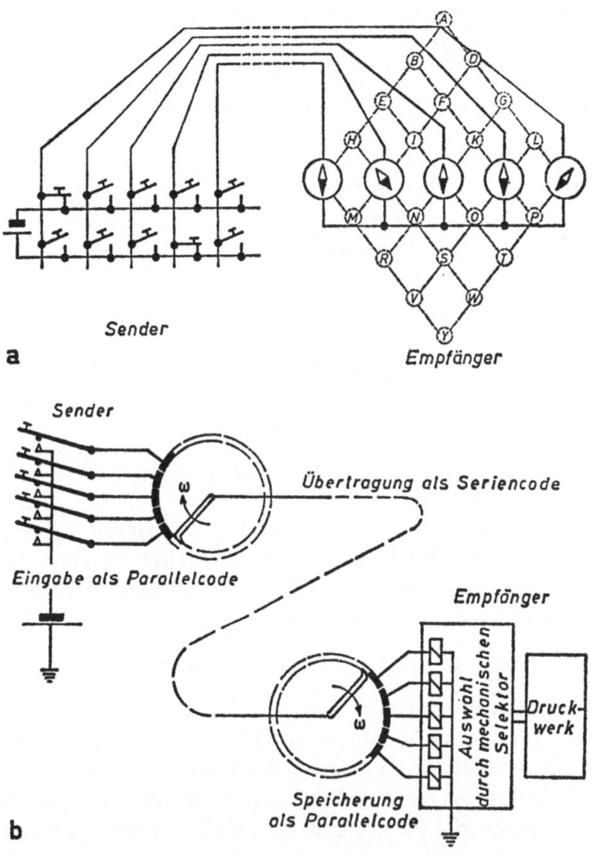


Bild 2.3 Historische Beispiele für Telegraphiesysteme, die eine Kombination von Code- und Selektionsverfahren benutzen.
a) COOKE und WHEATSTONE (1837), b) BAUDOT (1874).

angeordneten Vorrat aller Nachrichtenelemente das der jeweiligen Code-Kombination zugeordnete Element auszuwählen und zum Abdruck zu bringen.

Im Laufe der Entwicklung haben vor allem zwei Verfahren eine große praktische Bedeutung gewonnen: das Code-Schrift-Verfahren nach MORSE und das kombinierte Code-Selektions-Verfahren nach BAUDOT. Beide Verfahren sollen im folgenden — ohne auf technische Einzelheiten einzugehen — etwas ausführlicher behandelt werden.

## b)  Der Morse-Telegraph

Der seit 1865 international vereinbarte Morse-Code (Bild 2.4) ordnet jedem Buchstaben und jeder Ziffer Kombinationen von kurzen und langen Signalen („Punkte" und „Striche") zu. Zur deutlichen Unterscheidung soll das lange Signal etwa dreimal länger dauern als das kurze, die Pause zwischen den Elementen einer Kombination etwa so lange wie das kurze Signal und die Pause zwischen den einzelnen Kombi-

Bild 2.4  Morse-Code in der Fassung von 1852, von dem Internationalen Telegraphenverein 1865 übernommen.

nationen mindestens so lange wie das lange Signal. Wie Bild 2.4 erkennen läßt, ist die Zahl der Signalelemente, aus denen die Kombinationen gebildet werden, verschieden: Die Zuordnung ist so getroffen worden, daß häufige Buchstaben mit möglichst wenigen Elementen dargestellt werden. Bei den Buchstaben sind maximal 4 Signalelemente zugelassen, damit können

$$2^1 + 2^2 + 2^3 + 2^4 = 30 \text{ Kombinationen}$$

gebildet werden, von denen 26 genutzt werden. Die Ziffern werden aus 5 Elementen gebildet. Von den $2^5 = 32$ Variationen werden nur 10 genutzt, die so ausgewählt wurden, daß sie sich dem Gedächtnis leicht einprägen. Die Satzzeichen werden aus 6 Elementen gebildet, auch hier werden nur solche der insgesamt 64 Möglichkeiten genutzt, die besonders einprägsam sind.

Die Wahl von zwei deutlich unterscheidbaren, durch Pausen voneinander getrennten Signalelementen erlaubt die Anwendung des Morse-Codes bei optischen, akustischen und elektrischen Übertragungssystemen. Bei elektrischen Übertragungssystemen kann die Wiedergabe am Empfangsort wiederum optisch oder akustisch erfolgen. Von besonderer praktischer Bedeutung wurde die schriftliche Wiedergabe.

Bei der Übertragung des Morse-Codes mit Hilfe einer Gleichstromquelle und eines von Hand betätigten Schalters (Taste) können die Signale durch Einschalten eines Stromes (Arbeitsstrombetrieb) oder durch Unterbrechung eines Stromes (Ruhestrombetrieb) gebildet werden. Die Niederschrift der Signale am Empfangsort kann durch einen magnetisch bewegten Schreibhebel erfolgen, an dessen einem Ende ein

Farbrädchen in einen Farbnapf taucht und bei Betätigung des Hebels einen Punkt oder Strich auf einen gleichmäßig fortbewegten Papierstreifen aufzeichnet (Farbschreiber). Bildet man die Taste als Umschalter aus und versieht den Schreibhebel mit einem zusätzlichen feststellbaren Gelenk, dann lassen sich diese Geräte in einfacher Weise sowohl mit Arbeits- als auch mit Ruhestrom betreiben (Bild 2.5).

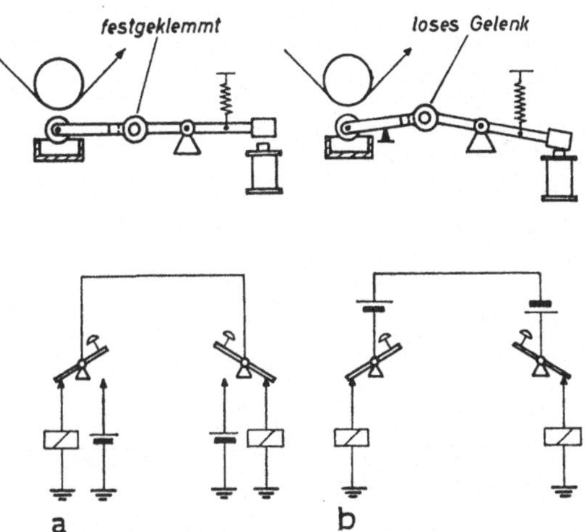


Bild 2.5 Wirkungsweise eines Morse-Farbschreibers mit zusätzlichem Gelenk und Schaltbildern für den Betrieb mit Arbeitsstrom (a) und Ruhestrom (b).

Außer den einfachen Verfahren mit Arbeits- oder mit Ruhestrom kann man eine Gleichstromquelle auch umpolen (Doppelstrombetrieb), man kann statt kurzen und langen Signalen auch positive oder negative Impulse gleicher Länge zur Bildung des Morse-Codes benutzen (Seekabeltelegraphie), man kann ferner statt Gleichstrom auch Wechselstrom benutzen und diesen einschalten, ausschalten oder in der Frequenz ändern (Arbeitsstrom, Ruhestrom oder Doppeltonbetrieb mit Wechselstrom). Beispiele sind in Bild 2.6 zusammengestellt.

## c) Die Fernschreibmaschine

Die Fernschreibmaschine ermöglicht die Übertragung alphanumerischer Texte über Telegraphenleitungen mit Hilfe von Geräten, die äußerlich einer normalen Schreibmaschine mit Tastatur, Typenkorb und Schreibwalze ähneln und deren Benutzung sich nur unwesentlich von der einer normalen Schreibmaschine unterscheidet. Seit den ersten Entwicklungen durch KRUM und KLEINSCHMIDT um 1910 benutzen die Fernschreibmaschinen einen fünfstelligen Binärcode und das Start-Stop-Verfahren zur einfachen Synchronisation von Sende- und Empfangsgerät.

Der international vereinbarte Fernschreibcode (Bild 2.7) wird durch die Variationen von fünf Elementarentscheidungen gebildet. Da jedes Element nur einen von zwei möglichen Werten annehmen kann und jeweils fünf derartige Elemente zusammengefaßt werden, nennt man einen solchen Code auch einen fünfstelligen Binärcode. Die auf Grund

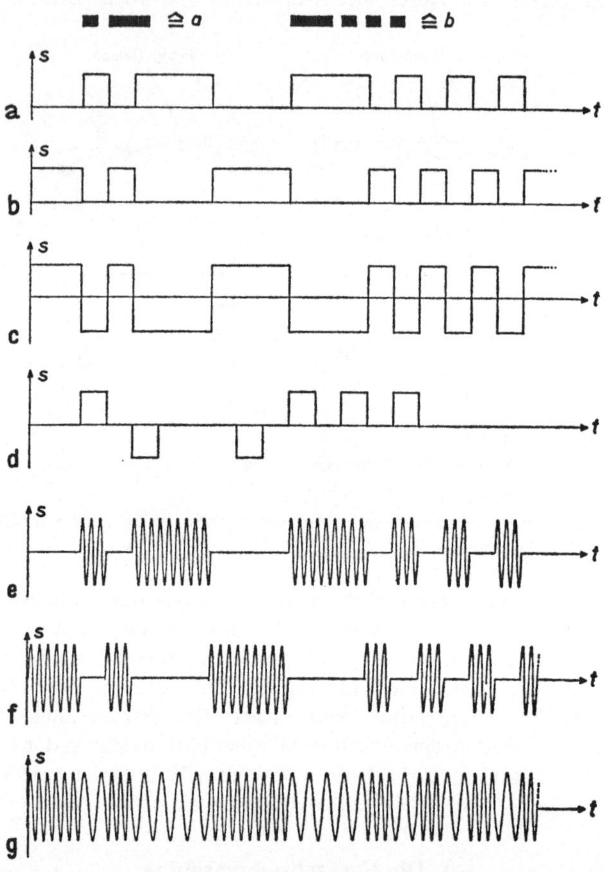

Bild 2.6 Beispiele für die Übertragung von Telegraphiesignalen mit Gleich- und Wechselstrom. a) Arbeitsstrom, b) Ruhestrom, c) Doppelstrom, d) Seekabeltelegraphie, e) Einfachton-Arbeitsstrom, f) Einfachton-Ruhestrom, g) Doppelton.

eines solchen Codes gebildeten Signale unterscheiden sich von denen des Morse-Codes dadurch, daß die Zwischenräume zwischen den einzelnen Elementen fehlen. Die zu einem Buchstaben oder einer Ziffer gehörenden Signale werden daher nur als solche erkennbar, wenn ihre Elemente entweder parallel in einem räumlichen Muster von fünf Alternativelementen (z. B. Schalterkontakte offen oder geschlossen) oder in Serie in einem systemeigenen fünfspaltigen Zeitraster (z. B.

Strom fließt oder fließt nicht während der einzelnen Zeitelemente) abgebildet werden.

Das Grundprinzip einer Fernschreibübertragung zeigt Bild 2.8. Die
Eingabe erfolgt über Tasten, unter deren Hebelarmen fünf Sendeschienen mit Einschnitten angeordnet sind. Beim Drücken einer be-

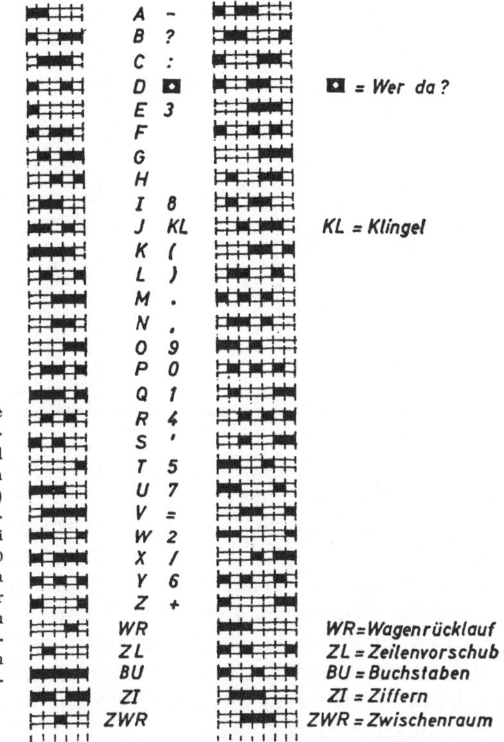

Bild 2.7 Fernschreibcode mit fünf- und siebenstelligen Binärzeichen. Sowohl den Buchstaben (*a*) als auch den Ziffern und Zeichen (*b*) sind fünf- oder siebenstellige Variationen von zwei Elementen (ja oder nein, 0 oder 1, Strom oder kein Strom) zugeordnet. In der Abbildung wird dies durch ein fünf- oder siebenspaltiges Muster aus schwarzen oder weißen Feldern dargestellt.

stimmten Taste werden die einzelnen Sendeschienen so nach rechts oder
links verschoben, daß ihre Endstellung der dieser Taste zugeordneten
Kombination entspricht. Die Sendeschienen übertragen diese Kombination auf fünf elektrische Kontakte, deren Zustand durch eine umlaufende Nockenwelle nacheinander abgefragt wird. Der Strom auf der
Übertragungsleitung wird dadurch je nach Kontaktstellung eingeschaltet
oder unterbrochen („Zeichenstrom" oder „Trennstrom"). Eine synchron umlaufende Nockenwelle des Empfangsgerätes überträgt die jeweilige Stellung der fünf Sendeschienen auf die Stellung von fünf Emp-
fangsschienen, die so mit Einschnitten versehen sind, daß bei jeder
Stellungskombination nur ein bestimmter Typenhebel zum Anschlag
gebracht werden kann.

Da die Erkennbarkeit des Codes ein systemeigenes Zeitraster fordert, müssen die Nockenwellen des Senders und Empfängers nach Winkelgeschwindigkeit und Phase synchron umlaufen; die Erfüllung dieser Forderung wird wesentlich vereinfacht, wenn man die beiden Wellen in einer definierten Ausgangsstellung festhält und jeweils nur für die Übertragung einer Kombination gleichzeitig starten und am

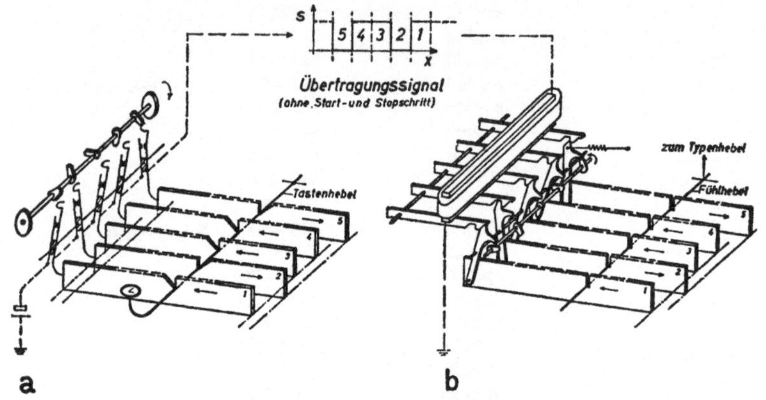



Bild 2.8   Vereinfachte Darstellung der Codier- (a) und Selektionseinrichtung (b) einer Fernschreibmaschine.

Ende eines Umlaufs wieder stoppen läßt (Start-Stop-Prinzip). Die Sendewelle wird durch eine sechste Sendeschiene gestartet, gleichzeitig wird ein Startsignal (Anlaufschritt) über die Leitung gesendet. Am Ende des Umlaufes werden beide Kollektoren durch ein Stopsignal (Sperrschritt) stillgesetzt. Für jedes Nachrichtenelement werden also auf der Leitung außer den fünf Elementen des Codes noch zwei weitere Signalelemente benötigt. Die Zeitdauer des Startsignals ist gleich der Dauer jedes Elementarsignals der Codekombination, das Stopsignal ist um das Anderthalbfache länger.

Mit einem fünfstelligen Binärcode lassen sich $2^5 = 32$ Variationen bilden. Diese Zahl ist zu gering, um alle Buchstaben des Alphabets, die zehn Ziffern des dekadischen Zahlensystems und einige Satzzeichen übertragen zu können. Die Typenhebel tragen daher außer Buchstaben auch Ziffern oder Satzzeichen, und die Schreibwalze kann (wie bei der Umschaltung von kleinen auf große Buchstaben der normalen Schreibmaschine) von Buchstaben auf Zeichen und Ziffern umgeschaltet werden und umgekehrt. Mit den zusätzlich notwendigen Befehlen für Zwischenraum und Zeilenschaltung sind damit fast alle möglichen Variationen ausgenutzt. Dies bedeutet aber, daß sich Störimpulse des Übertragungssystems sehr stark auswirken können, da eine Änderung auch nur eines Elementes einer Kombination zu einem anderen Buchstaben oder Zeichen führt.

Eine gewisse Sicherheit dafür, daß solche Fehler erkannt und durch Rückfrage ausgemerzt werden können, bieten Codes, die über ein zusätzliches Kriterium zur Fehlererkennung verfügen. In der Fernschreibtechnik kann als ein solcher fehlererkennender Code ein siebenstelliger Binärcode eingesetzt werden, aus dessen insgesamt $2^7 = 128$ Variationen nur diejenigen zur Bildung des Codes benutzt werden, die aus 4 Zeichenstrom- und 3 Trennstromschritten bestehen. Das führt zu $7!/3!4! = 35$ möglichen Permutationen, von denen 31 in den international vereinbarten Code (Bild 2.7) aufgenommen wurden. In den Fällen, in denen dieser Code benutzt wird, muß auf der Empfangsseite jede Kombination vor der Weiterverarbeitung im Empfangsgerät darauf geprüft werden, ob sie aus vier Zeichenstromschritten und drei Trennstromschritten besteht. Trifft dies nicht zu, ist offenbar die Kombination während der Übertragung verfälscht worden. Das Sendegerät wird dann zur Wiederholung aufgefordert.

## d) Der Hell-Schreiber

Eine noch wesentlich größere Sicherheit gegen eine fehlerbehaftete Übertragung eines alphanumerischen Textes bieten Übertragungssysteme, die die Buchstaben und Ziffern nicht als Elemente eines begrenzten Zeichenvorrats auffassen, sondern ihre graphische Form analysieren und zur Grundlage des Übertragungsverfahrens machen. Als Beispiel für ein solches System kann der um 1930 von HELL entwickelte Schreibtelegraph gelten, der zwischen den Code- und Selektionsverfahren einerseits und den Verfahren zur Bildübertragung (siehe Kapitel 4) andererseits steht.

Bei diesem Verfahren wird eine möglichst einfache graphische Analyse der Zeichenformen durch Einordnung in ein Bildraster aus $7 \cdot 7 = 49$ Bildelementen durchgeführt (Bild 2.9). Für die Übertragung wird das räumliche Nebeneinander des Bildrasters dadurch in ein zeitliches Nacheinander von Signalen umgewandelt, daß das Bildraster spaltenweise auf den Umfang einer Kontaktscheibe übertragen wird. Bei einem Umlauf einer solchen Scheibe wird eine Signalfolge übertragen, die in dem Empfangsgerät wieder zu einem räumlichen Nebeneinander geordnet werden muß. Dazu dient ein Druckwerk (Bild 2.10), das aus einer magnetisch betätigten Schneide und einer Schreibspindel besteht, die siebenmal so schnell umläuft wie die Kontaktscheibe des Sendegerätes. Auf dem zwischen Schneide und Schreibspindel durchgezogenen Papierband entsteht so ein etwas schrägstehendes Abbild des gesendeten Buchstaben.

Um die Anforderungen an den Synchronismus zwischen der Kontaktscheibe des Sendegerätes und der Schreibspindel des Empfangsgerätes möglichst einfach erfüllen zu können, wird bei der praktischen Ausführung des Hell-Schreibers ein Druckwerk mit Doppelspindel ver-

wendet, so daß jeder Buchstabe zweimal abgebildet wird (Bild 2.10).
Eine Neigung der Zeilen nach oben oder unten läßt erkennen, daß die
Druckwalze zu schnell oder zu langsam läuft. Ihre Geschwindigkeit

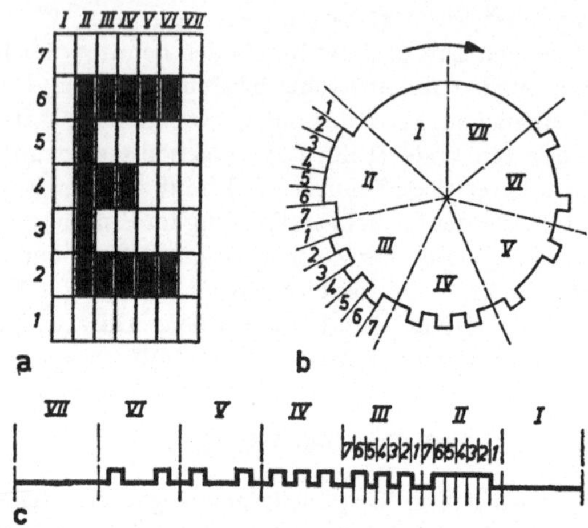

Bild 2.9   Schriftraster (a), Sendewelle (b) und Übertragungssignal (c) eines Hell-Schreibers[1].

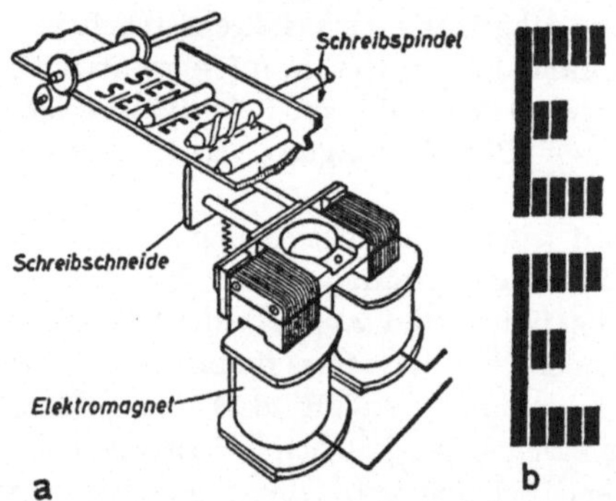



Bild 2.10   Druckwerk (a) und Empfangsschriftbild (b) eines Hell-Schreibers[1].

kann von Hand leicht nachreguliert werden. Aber auch wenn der Synchronismus nicht genau stimmt, geht niemals ein Buchstabe verloren,
da immer wenigstens eines der beiden gleichzeitig gedruckten Zeichen
vollständig auf dem Papierband liegt.

Diese Art der Übertragung bietet eine weitgehende Sicherheit
gegenüber Störsignalen des Übertragungsweges. Sie können allen-

---

[1] Nach „Hütte, des Ingenieurs Taschenbuch", IV B: Fernmeldetechnik.
Dieses Taschenbuch enthält eine Vielzahl technischer Details und umfang-
reiche Literaturangaben aus dem Gesamtbereich der Nachrichtentechnik.

falls dazu führen, daß ein Buchstabe durch eine Fülle zusätzlicher Schwärzungen in dem Bildraster oder durch allzu viel fehlende Bildelemente unleserlich wird, es besteht aber praktisch keine Gefahr, daß auf Grund von Störsignalen ein anderer Buchstabe zum Abdruck kommt.

### e) Quantitative Beschreibung von Telegraphiesystemen

Theoretisch senden die elektrischen Telegraphengeräte eine Folge rechteckförmiger Signale aus (Bild 2.11). Das kürzeste in der Zeichenfolge vorkommende Signalelement wird Schritt genannt. Der Kehrwert seiner zeitlichen Dauer $T_0$ wird die Schrittgeschwindigkeit oder Telegraphiergeschwindigkeit $v_T$ genannt:

$$v_T = 1/T_0.$$

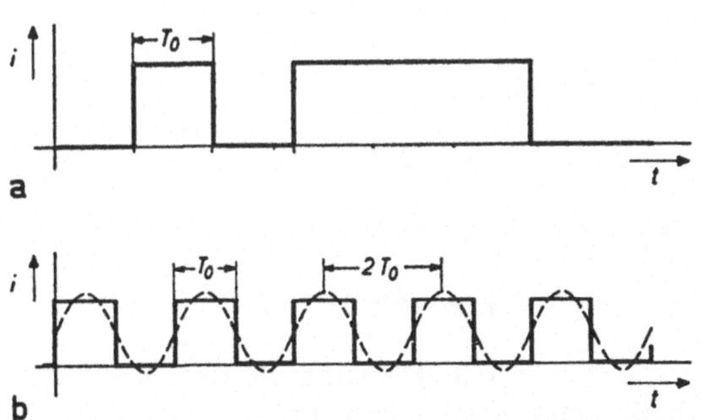


Bild 2.11 Zur Definition der Telegraphiergeschwindigkeit und der Telegraphierfrequenz. a) Definition der Schrittlänge $T_0$, b) Grundschwingung einer periodischen Schrittfolge.

Wird die Zeit $T_0$ in Sekunden angegeben, erhält man die Telegraphiergeschwindigkeit in Baud (Bd), nach dem französischen Telegrapheningenieur BAUDOT (1845 bis 1903). Die Hälfte dieses Wertes wird Schrittfrequenz oder Telegraphierfrequenz $f_T$ genannt:

$$f_T = 1/(2T_0).$$

Wird die Zeit $T_0$ in Sekunden angegeben, erhält man die Telegraphierfrequenz in Hertz (Hz). Die Telegraphierfrequenz entspricht der Frequenz der Grundschwingung einer periodischen Schrittfolge (Bild 2.11 b).

Die Telegraphiergeschwindigkeit wird durch die manuelle Bedienbarkeit der Sendegeräte oder auch durch die Trägheit der mechanischen Bauteile der Sende- und Empfangsgeräte begrenzt.

Sie stellt andererseits bestimmte Forderungen an die Eigenschaften des Übertragungssystems, da die elektrischen Signale während der Übertragung eine Verzerrung erleiden können (siehe Kapitel 10). Hat das Übertragungssystem beispielsweise Tiefpaßcharakter (Gleichstrom und Wechselströme bis zu einer Grenzfrequenz $f_g$ werden übertragen, Wechselströme, deren Frequenz oberhalb der Grenzfrequenz liegt, werden nicht übertragen), dann ändert sich die Form der ursprünglich rechteckförmigen Signale, weil nicht mehr alle Teilschwingungen ihres an sich unbegrenzten Spektrums am Empfangsort ankommen.

Dieses Verhalten kann auch so beschrieben werden, daß ein Tiefpaßsystem eine endliche Einschwingzeit $\tau_e$ besitzt, die im theoretischen Grenzfall eines idealen Tiefpasses dem Kehrwert der doppelten Grenzfrequenz proportional ist (siehe Kapitel 10),

$$\tau_e = 1/(2f_g).$$

Für die Übertragung von Telegraphiesignalen über Tiefpaßsysteme ergibt sich daraus die Forderung, daß die Grenzfrequenz mindestens gleich der halben Telegraphiergeschwindigkeit oder mindestens gleich der Telegraphierfrequenz sein muß:

$$f_g \geq 0{,}5\,v_T = f_T.$$

Praktisch fordert man eine etwas höhere Grenzfrequenz

$$f_g \approx 0{,}8\,v_T = 1{,}6\,f_T.$$

Bei Bandpaßsystemen, d. h. Übertragungssystemen, die nur Wechselströme innerhalb eines bestimmten Frequenzbereiches (Bandbreite) $f_{g2} - f_{g1}$ übertragen, ist die Einschwingzeit doppelt so groß wie bei Tiefpaßsystemen:

$$\tau_e = 1/(f_{g2} - f_{g1}).$$

Die Bandbreite solcher Systeme muß also bei gleicher Telegraphiergeschwindigkeit doppelt so groß sein wie diejenige eines Tiefpaßsystems.

Unter Telegraphierleistung versteht man die Zahl der in der Zeiteinheit übertragbaren Buchstaben. Sie wird entweder in Buchstaben („Zeichen") je Sekunde oder in Worten je Minute angegeben, wobei im letzteren Fall im Mittel 6 Zeichen (einschl. Zwischenräume) je Wort gerechnet werden.

Einige praktische Werte enthält nachstehende Tabelle; sie zeigt, daß der Hell-Schreiber bei einer etwas geringeren Telegraphierleistung eine erheblich größere Bandbreite des Übertragungssystems benötigt. Dies ist ein charakteristisches Beispiel dafür, daß hier die geringere Störanfälligkeit des Systems durch eine größere Bandbreite des Übertragungskanals erkauft werden muß.

| | Telegraphier- geschwindig- keit $v_T = \dfrac{1}{T_0}$ | Telegraphier- frequenz $f_T = \dfrac{1}{2T_0}$ | Schritte je Buchstaben | Telegraphierleistung | |
|---|---|---|---|---|---|
| | | | | Buchstaben sec | Worte min |
| Fernschreib- maschine | 50 Baud | 25 Hz | 5 + Start + Stop = 7,5 | 6,66 | 66,6 |
| Hell-Schreiber | 245 Baud | 122,5 Hz | 49 | 5 | 50 |

## f) Datenübertragung

Die Entwicklung der digitalen elektronischen Rechenmaschinen hat zu dem Wunsch geführt, auch über größere Entfernungen mit solchen Rechenmaschinen arbeiten zu können oder eine Zusammenarbeit mehrerer Rechenmaschinen über größere Entfernungen zu ermöglichen. Eine solche „Datenübertragung" stellt ihrem Wesen nach wie in der Telegraphie die Aufgabe, alphanumerische Texte zu übertragen. Gegenüber der klassischen Telegraphie werden hier aber wesentlich höhere Telegraphiergeschwindigkeiten gefordert, die wesentlich breitere Frequenzbänder der Übertragungssysteme notwendig machen. Sofern in diesen Übertragungssystemen mit Störsignalen gerechnet werden muß, erfordert die Datenübertragung ferner eine weitgehende Sicherung gegen Fehler, die durch die Anwendung von fehlererkennenden oder fehlerkorrigierenden Codes und durch zusätzliche Verfahren zur Erkennung von Störsignalen angestrebt wird.

# 3. Telephonie
# (Fernsprechtechnik)

## a) Übertragungstechnik

Unter dem Begriff Telephonie (von τῆλε = in der Ferne und φωνεῖν = tönen) faßt man diejenigen Übertragungsverfahren zusammen, die die Sprache selbst zu übertragen gestatten. Im Gegensatz zur Telegraphie, die sich die für die Übertragung eines alphanumerischen Textes geeigneten Signale frei wählen kann, benötigt die Telephonie Geräte, die die Schallschwingungen der Sprache in elektrische Schwingungen umwandeln und umgekehrt aus elektrischen Schwingungen wieder Schallschwingungen zurückgewinnen (Bild 3.1).

Die Sprachlaute zeigen sehr unterschiedliche und vielfach auch recht komplizierte Schwingungsformen (siehe Kapitel 8). Die beiden grundsätzlichen Möglichkeiten, Schallschwingungen in möglichst formgetreue elektrische Schwingungen umzuwandeln, seien an Beispielen aus der

Entwicklungsgeschichte des Telephons erläutert (Bild 3.2): REIS und
GRAY benutzten membrangesteuerte veränderliche Widerstände, mit
deren Hilfe der Strom einer Gleichspannungsquelle gesteuert („moduliert") wird, BELL steuerte mit Hilfe einer Membran den Luftspalt eines
magnetischen Kreises, der eine Wicklung trägt; in ihr werden bei Änderungen des Luftspaltes infolge der zeitlichen Änderung des Magnet-
flusses elektrische Spannungen induziert. Für Geräte, die mit veränderlichen Widerständen arbeiten, findet man gelegentlich die Bezeichnung
Relaiswandler; sie können eine Verstärkerwirkung besitzen. Geräte wie
das Bellsche, die mechanische Energie in elektrische umwandeln, werden
elektroakustische Wandler genannt (siehe auch Kapitel 5).

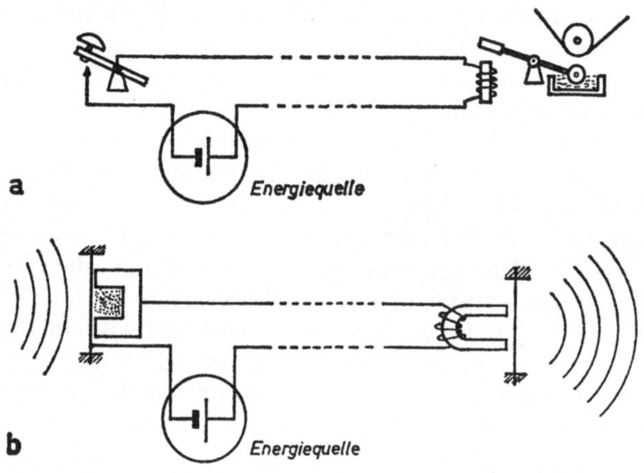


Bild 3.1  Gegenüberstellung der Übertragung eines alphanumerischen Textes mit Hilfe der Telegraphie (a) und der Übertragung von Sprache mit Hilfe der Telephonie (b).

Die Rückumwandlung der elektrischen Schwingungen in Schallschwingungen geschieht im Bereich der Telephonie ausschließlich mit
Hilfe von elektroakustischen Wandlern, in denen Kraftwirkungen
magnetischer oder elektrischer Felder zum Antrieb einer Membran benutzt werden.

Im Bereich der Telephonie kommt es nicht so sehr darauf an, die
Umwandlung mit einem Höchstmaß an Naturtreue durchzuführen; die
Aufgabe der technischen Entwicklung besteht hier vielmehr darin, mit
möglichst wirtschaftlichen Geräten eine ausreichende Verständlichkeit
der Sprache sicherzustellen.

Auf der Sendeseite (Mikrophon, Sprechkapsel) führte diese Aufgabe
dazu, an Stelle des von REIS gewählten metallischen Kontaktes (der
nur innerhalb eines sehr kleinen Amplitudenbereiches eine stetige
Änderung des Kontaktwiderstandes zuließ) zu Kontakten aus Kohle

überzugehen und an Stelle eines einzigen Kontaktes eine Vielzahl von druckabhängigen Kontakten in Reihe und parallel zu schalten.

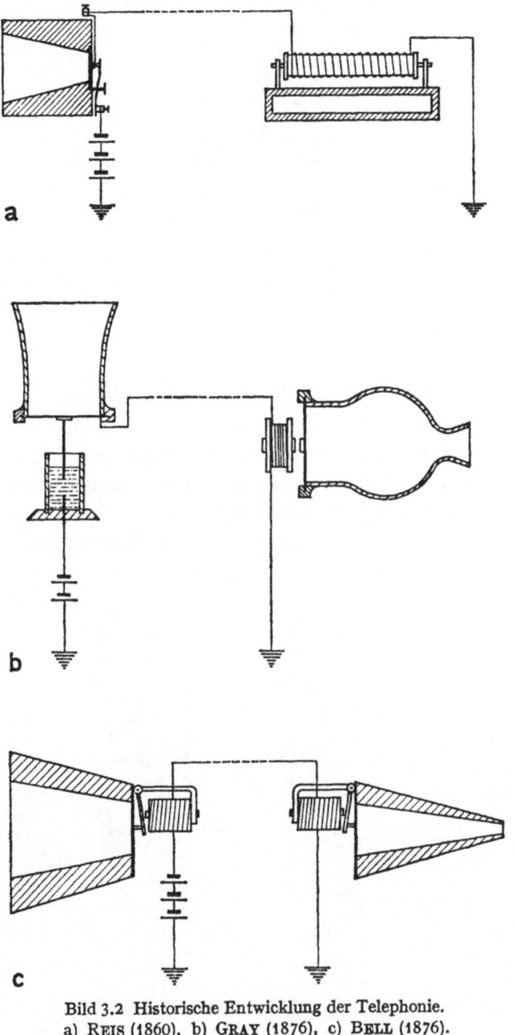

Bild 3.2 Historische Entwicklung der Telephonie.
a) REIS (1860), b) GRAY (1876), c) BELL (1876).

**Bild 3.3** zeigt die prinzipielle Wirkungsweise und eine vereinfachte Konstruktionsskizze eines Kohlekörnermikrophons heutiger Bauweise. Eine elektrisch leitende Membran trägt in ihrer Mitte ein Formstück aus Kohle, das in einen durch ein Kohleformstück gebildeten, mit Kohlegrieß gefüllten Raum hineinragt. Bewegt sich die Membran unter der Einwirkung eines Schallfeldes, ändert sich der elektrische Widerstand der Kohlegrießstrecke und ändert damit die Amplitude des aus einer Gleichspannungsquelle fließenden Stromes. Der Wechselstromanteil dieses Mischstromes kann auf der Sekundärseite eines Übertragers

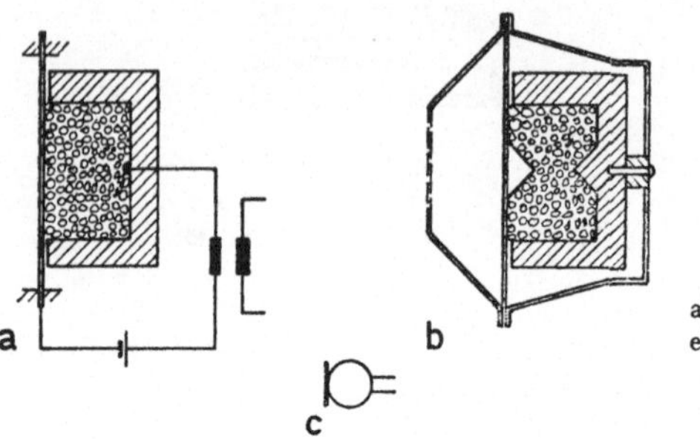


Bild 3.3 Kohlemikrophon (Sprechkapsel). a) Wirkungsweise, b) Beispiel einer konstruktiven Lösung, c) Schaltbild.

als Wechselstrom (ohne Gleichstromanteil) abgenommen werden. Ein Hohlraum vor der Membran ist akustisch so abgestimmt (Helmholtz-Resonator), daß unerwünschte Schallschwingungen (z. B. tieffrequente Raumgeräusche) abgeschwächt werden. Bei einem solchen im Aufbau sehr einfachen Mikrophon stimmt die Kurvenform der elektrischen Stromschwankungen nicht genau mit der Kurvenform der Schall-

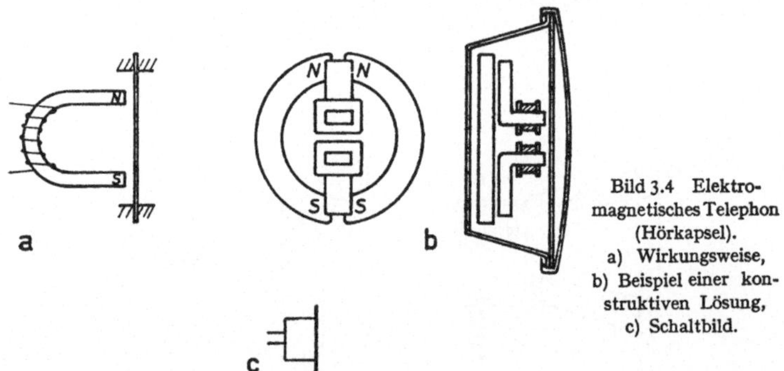


Bild 3.4 Elektromagnetisches Telephon (Hörkapsel). a) Wirkungsweise, b) Beispiel einer konstruktiven Lösung, c) Schaltbild.

schwingungen überein; es zeigt z. B. wegen der Eigenresonanz der Membran lineare Verzerrungen und wegen des nicht sehr einfachen Zusammenhanges zwischen mechanischem Druck und elektrischem Widerstand der Gesamtheit der Kohlekörner auch nichtlineare Verzerrungen (siehe Kapitel 10). Das Kohlemikrophon hat aber die Eigenschaft eines Verstärkers; die am Ausgang abgegebene elektrische Leistung ist um etwa zwei Zehnerpotenzen größer als die mechanische Leistung, die zum Steuern der Membran benötigt wird.

Auf der Empfangsseite (Telephon, Hörkapsel) wurde lange Zeit hindurch überwiegend der elektromagnetische Wandler nach der Grundform von BELL verwendet. Heute zeigt sich zwar eine gewisse Tendenz, statt dessen elektrodynamische Wandler (siehe Kapitel 5) einzusetzen; wegen der großen Bedeutung, die die elektromagnetischen Wandler für die Entwicklung des Telephons gehabt haben und auch heute noch haben, soll in diesem Kapitel nur auf diese Form der Hörkapsel kurz eingegangen werden.

Die Wirkungsweise und eine vereinfachte Konstruktionsskizze einer elektromagnetischen Hörkapsel heutiger Bauweise zeigt Bild 3.4. Wird eine auf einem Weicheisenkern angebrachte Wicklung von den Wechsel-

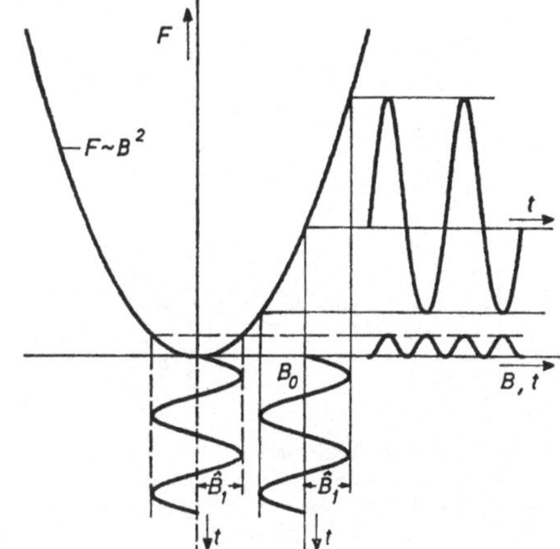


Bild 3.5 Kennlinie $F(B)$ der Kraft auf eine bewegliche Membran in einem elektromagnetischen Kreis. Ohne Vormagnetisierung: $F(t) \sim (\hat{B}_1 \sin \omega t)^2 = (\hat{B}_1^2/2) (1 - \cos 2\omega t)$. Mit Vormagnetisierung: $F(t) \sim (B_0 + \hat{B}_1 \sin \omega t)^2 = B_0^2 + (\hat{B}_1^2/2) (1 - \cos 2\omega t) + 2 B_0 \hat{B}_1 \sin \omega t$.

strömen durchflossen, dann wirken wechselnde mechanische Kräfte auf die Membran. Da in einem solchen System die Kraft auf die Membran dem Quadrat der Luftspaltinduktion proportional ist, würde die Membran sowohl bei positiven als auch bei negativen Halbwellen der Wechselströme in Richtung auf die Polschuhe angezogen werden, die Membran würde Schwingungen doppelter Frequenz ausführen (quadratisches Kraftgesetz, siehe Kapitel 5). Um diese extreme nichtlineare Verzerrung zu vermeiden, muß das System durch die Verwendung eines Dauermagneten „polarisiert" werden. Bild 3.5 zeigt, wie durch die Einführung einer konstanten Luftspaltinduktion $B_0$ der Arbeitspunkt vom Nullpunkt der parabelförmigen Kennlinie $F = f(B)$ auf einen nur wenig gekrümmten Ast der Kennlinie verlagert wird.

Bei der Umwandlung elektrischer Energie in mechanische Energie in einem elektromagnetischen Wandler treten Verluste in der Wicklung und Ummagnetisierungsverluste in den ferromagnetischen Bauteilen auf. Die abgegebene mechanische Leistung ist also stets kleiner als die zugeführte elektrische. Der energetische Wirkungsgrad moderner Hörkapseln beträgt einige Prozent.

Die Zusammenschaltung von Mikrophon (Sprechkapsel) und Telephon (Hörkapsel) hängt von der gewünschten Betriebsart ab. Grundsätzlich unterscheidet man die in Bild 3.6 erläuterten Betriebsarten der Nachrichtenübertragung.

In der Telephonie wird im Interesse der jederzeitigen Möglichkeit für Rede und Gegenrede stets Duplexbetrieb gefordert. Das setzt vor-

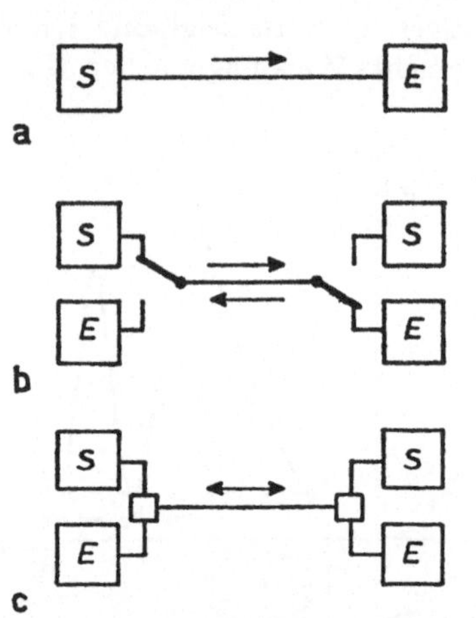


Bild 3.6 Die wichtigsten Betriebsarten der Nachrichtenübertragungstechnik. S Sender, E Empfänger.
a) Richtungsverkehr (Simplexbetrieb): nur eine Richtung, z. B. Rundfunk.
b) Wechselverkehr (Wechselsprechbetrieb, Halbduplexbetrieb): abwechselnd die eine oder andere Richtung, z. B. Fernschreibnetz.
c) Gegenverkehr (Gegensprechbetrieb, Duplexbetrieb): beide Richtungen stets gleichberechtigt in Betrieb, Fernsprechnetz.
(In der älteren Literatur wird der Wechselbetrieb, der heute Halbduplexbetrieb genannt wird, als Simplexbetrieb bezeichnet.)

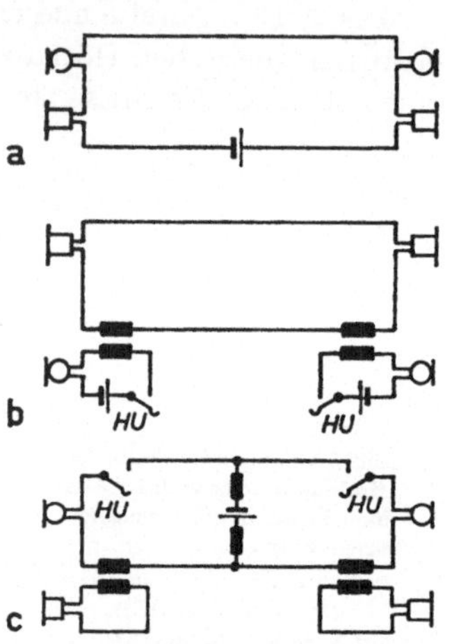


Bild 3.7 Beispiele für die Zusammenschaltung von Hör- und Sprechkapseln bei Gegensprechbetrieb.
a) Einfache Reihenschaltung, b) Einzelspeisung aus Ortsbatterien mit Übertrager zur galvanischen Trennung und Anpassung (OB-Betrieb), c) Parallelspeisung aus einer Zentralbatterie mit induktiven Vorwiderständen (ZB-Betrieb).

aus, daß beide Gesprächspartner sowohl über eine Hörkapsel als auch über eine Sprechkapsel verfügen. Die einfachste Möglichkeit der Zusammenschaltung ist die einfache Reihenschaltung (Bild 3.7a). Da hier die Widerstände der Hörkapseln in Reihe mit den Widerständen der Sprechkapseln liegen und so den konstanten Anteil des Gesamtwiderstandes erhöhen, wirkt sich eine Widerstandsänderung der Sprechkapseln nicht so stark auf die Amplitude des Gleichstromes aus wie bei einer Trennung der Gleich- und Wechselstromkreise durch Übertrager (Bild 3.7b und c). Dabei können entweder bei jedem Teilnehmer Stromquellen aufgestellt werden (Ortsbatteriebetrieb, abgekürzt OB) oder die Mikrophone aus einer gemeinsamen, zentral aufgestellten Stromquelle (Zentralbatteriebetrieb, abgekürzt ZB) gespeist werden.

Sollen bei ZB-Speisung die Mikrophone parallel an die Stromquelle angeschlossen werden, muß die Batterie über Drosselspulen angeschaltet werden, die für Gleichstrom einen kleinen, für Wechselstrom einen großen Widerstand haben. Auf diese Weise wird verhindert, daß die dem Gleichstrom beim Sprechen überlagerten Wechselströme (Mikrophon als Wechselstromquelle) über den sehr kleinen Innenwiderstand der Batterie (Größenordnung mΩ) kurzgeschlossen werden, statt zur Hörkapsel des Gesprächspartners zu gelangen.

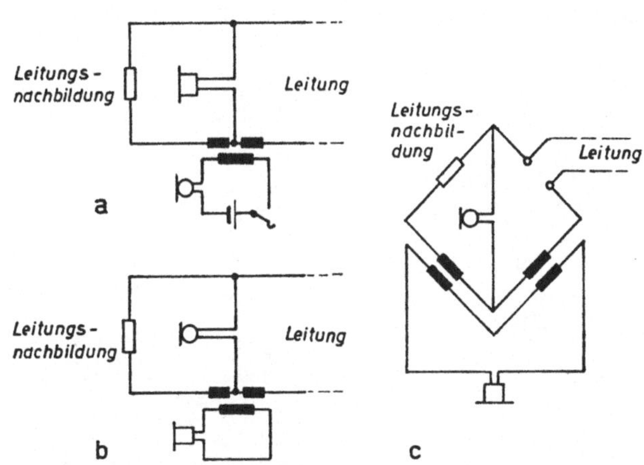


Bild 3.8 Entkopplung von Hör- und Sprechkapsel (Rückhördämpfung).

Im Laufe der Entwicklung wurden der Verstärkungsgrad der Sprechkapseln und der Wirkungsgrad der Hörkapseln immer größer. Das führte zu einer Belästigung der Teilnehmer, die ihre eigene Sprache über ihre Hörkapsel allzu laut mithören mußten, und zur Gefahr einer akustischen Rückkopplung zwischen Sprech- und Hörkapsel, wenn die Verstärkung der Sprechkapsel größer wird als die Dämpfung der Hörkapsel. Deshalb wurde es nötig, Sprech- und Hörkapsel voneinander zu entkoppeln. Diese „Rückhördämpfung" wird durch eine Brückenschaltung erreicht, die aus einem Differentialübertrager und einer „Leitungsnachbildung" besteht. Die Leitungsnachbildung ist ein aus konzentrierten Bauelementen (im einfachsten Fall einem Wirkwiderstand) aufgebauter Zweipol, dessen Widerstand möglichst gleich dem Eingangswiderstand der angeschlossenen Leitung sein soll. Bild 3.8 enthält die Schaltung zur Rückhördämpfung für OB- und ZB-Betrieb und eine Veranschaulichung der Wirkungsweise.

Sowohl bei OB- als auch bei ZB-Betrieb wird der Strom jeweils nur für die Dauer der Benutzung der Teilnehmerapparate eingeschaltet.

Dies geschieht mit dem Haken- oder Gabelumschalter HU, der durch Abheben oder Auflegen des Handapparates[1] betätigt wird. Der Handapparat enthält heute fast stets sowohl die Sprech- als auch die Hörkapsel.

## b) Vermittlungstechnik

Der Anschluß an ein Fernsprechnetz wird für einen Teilnehmer um so interessanter, je mehr Teilnehmer über dieses Netz (im allgemeinen paarweise) miteinander verbunden werden können. Grundsätzlich gibt es verschiedene Möglichkeiten für den Aufbau von Fernsprechnetzen, die in Bild 3.9 schematisch einander gegenübergestellt sind.

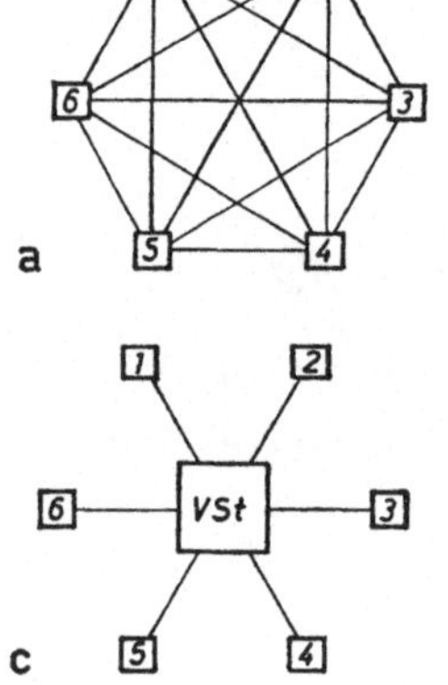

Bild 3.9 Die wichtigsten Formen von Fernsprechnetzen.
a) Maschennetz: $n(n - 1)/2$ Leitungen insgesamt, $(n - 1)$ Leitungen zu jedem Teilnehmer.
b) Liniennetz: $n$ Leitungen von Teilnehmer zu Teilnehmer.
c) Sternnetz: 1 Leitung von jedem Teilnehmer zu einer zentralen Vermittlungsstelle.

In einem Maschennetz kann zwar jeder Teilnehmer jeden anderen direkt erreichen, aber der Aufwand an Leitungen zwischen den Teilnehmern und an Schalteinrichtungen bei jedem Teilnehmer wächst mit zunehmender Teilnehmerzahl schnell an und wird dann bald unwirtschaftlich. Maschennetze werden daher heute nur benutzt, um eine begrenzte Zahl regionaler Fernsprechnetze überregional zusammenzuschließen.

Liniennetze benötigen ebenfalls aufwendige Schalteinrichtungen bei jedem Teilnehmer. Sie kommen nur für eine sehr begrenzte Zahl von Teilnehmern in Frage (sogenannte Reihenanlagen). Eine vereinfachte Form des Liniennetzes sind Anlagen mit nur einer, allen Teilnehmern gemeinschaftlichen Leitung (Gemeinschaftsleitung, Party-Line). Da hier grundsätzlich nur zwei von $n$ Teilnehmern gleichzeitig verbunden

---

[1] Der Handapparat ist derjenige Teil eines Teilnehmerapparates, der beim Telephonieren in die Hand genommen und an das Ohr gehalten wird („Hörer"). Teilnehmerapparate können als Tisch- oder Wandapparate ausgeführt sein.

werden können (großer Besetzteinfluß) und das Fernsprechgeheimnis nicht gewahrt werden kann, sind solche Gemeinschaftsleitungen in den öffentlichen Fernsprechnetzen der meisten Fernmeldeverwaltungen nicht zugelassen.

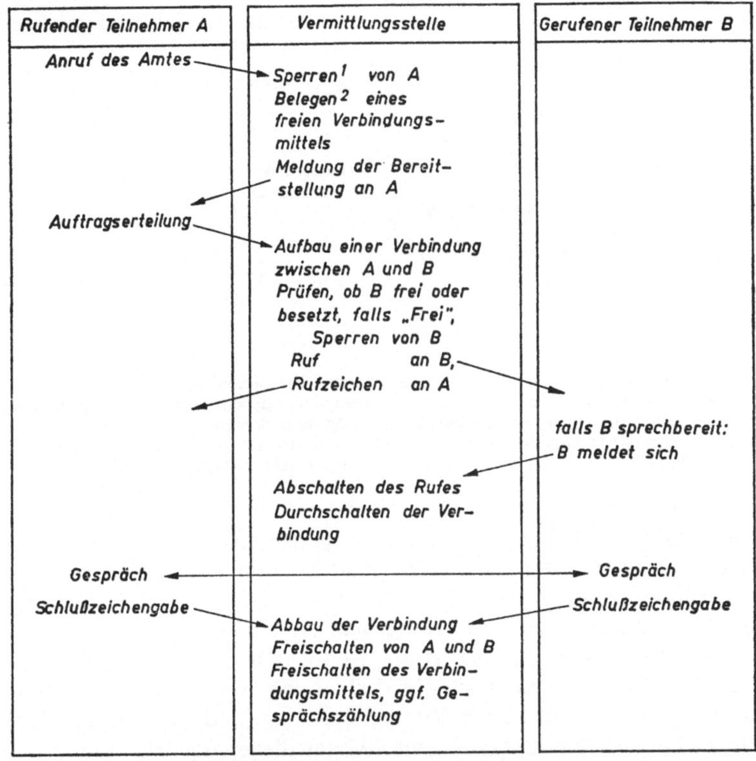


Bild 3.10 Die Aufgaben eines Verbindungsauf- und -abbaues in Fernsprechnetzen mit zentralen Vermittlungsstellen.

Die häufigste Form der Fernsprechnetze ist das Sternnetz, in dem alle Teilnehmer sternförmig mit einer zentralen Vermittlungsstelle (VSt, früher auch Zentralumschalter oder Amt genannt) verbunden sind.

In einer zentralen Vermittlungsstelle kann die von einem rufenden Teilnehmer A gewünschte Verbindung zu einem gerufenen Teilnehmer B entweder durch dafür eingesetzte Bedienungskräfte von Hand hergestellt werden (Handvermittlung) oder durch Fernsteuerung von dem rufenden Teilnehmer selbst aufgebaut werden (Wählvermittlung)[1]. In beiden Fällen müssen nacheinander eine Reihe von Aufgaben durchgeführt werden, die in Bild 3.10 zusammengestellt sind.

In Fernsprechnetzen mit Zentralbatteriespeisung kann ein großer Teil dieser Aufgabe unter Zuhilfenahme der zentralen Stromquelle gelöst werden. Dazu ersetzt man zweckmäßig die Drosselspulen der ZB-Speisung durch die Wicklungen eines neutralen Fernsprechrelais (Bild 3.11). Ein solches Relais kann einerseits als ein elektromagnetisch

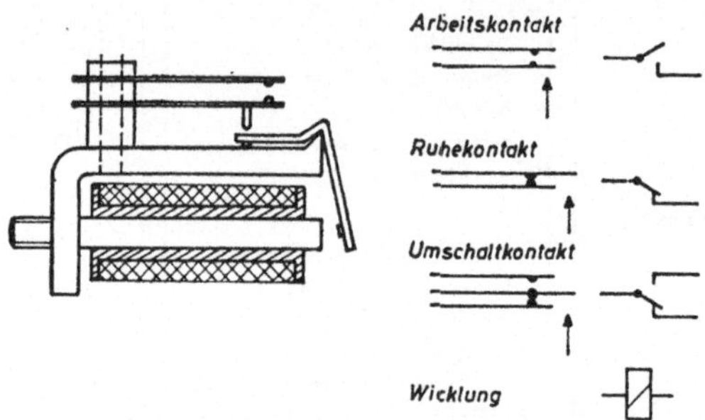


Bild 3.11  Beispiel eines neutralen Fernsprechrelais.
(Die Wicklungen eines Relais und seine Kontakte werden in Schaltplänen jeweils dort gezeichnet, wo sie ihrer Funktion nach hingehören. Die Zuordnung erfolgt durch Kennzeichnung mit gleichen Buchstaben, und zwar Wicklungen mit großen, Kontakte mit kleinen Buchstaben und Zahlenindex. Alle Kontakte werden für den stromlosen Zustand der Relaiswicklung gezeichnet.)

gesteuerter Schalter benutzt werden, der je nach Konstruktion mit einer größeren Zahl von Arbeits-, Ruhe- und Umschaltkontakten bestückt werden kann, zum anderen wirkt die Wicklung als Drosselspule, deren induktiver Widerstand bei angezogenem Anker (kleiner Luftspalt des magnetischen Kreises) größer ist als bei abgefallenem Anker.

Bild 3.12 zeigt schematisch die Verbindung zweier Teilnehmer einer Wählvermittlung mit Zentralbatteriespeisung und Teilnehmerrelais. Während des Verbindungsauf- und -abbaus dienen diese Relais:

zur Schleifenüberwachung (Anruf der VSt durch Schließen des Hakenumschalters HU),

zur Übertragung der Wählzeichen (impulsförmige Unterbrechung des Stromes durch den Nummernschalterimpulskontakt nsi),

zur Prüfung des gerufenen Teilnehmers (Stellung des HU bei B),

zur Schlußzeichengabe (durch langzeitiges Öffnen des HU).

Während des Gespräches dienen die Relaiswicklungen als Drosselspulen, die verhindern, daß die Sprechwechselströme durch die Batterie

---

[1] Die Wählvermittlung hat sowohl aus Gründen der Rationalisierung als auch wegen der ständigen Betriebsbereitschaft in den letzten Jahrzehnten die Handvermittlung in den öffentlichen Fernsprechnetzen fast völlig verdrängt. So betreibt zum Beispiel die Deutsche Bundespost seit dem Jahre 1966 in ihren Ortsnetzen nur noch Vermittlungsstellen für Wählbetrieb (VStW).

kurzgeschlossen werden. Die Weiterleitung der Sprechwechselströme erfolgt über die Kondensatoren und die Verbindungsorgane.

Der zum Anruf eines Teilnehmers notwendige Wecker darf die beiden Adern der Teilnehmerleitung nicht galvanisch miteinander verbinden, weil sonst nicht oder nur schlecht zwischen offenem oder geschlossenem Hakenumschalter unterschieden werden könnte. Bei Zentralbatteriespeisung über Teilnehmerrelais werden daher Wechselstromwecker be-

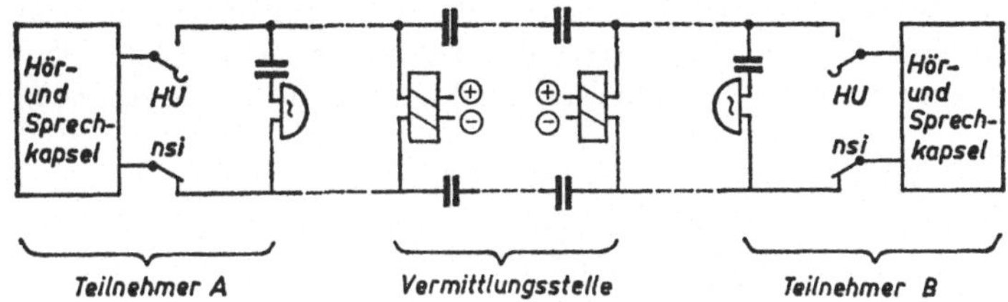


Bild 3.12 Zentralbatteriespeisung über Relaiswicklungen.

nutzt, die über Kondensatoren angeschaltet werden. Der Ruf erfolgt mit Wechselstrom beispielsweise von 25 Hz.

Für die technische Realisierung der Verbindungsorgane werden vor allem zwei Forderungen gestellt:

1. Technische Lösung von Verbindungsorganen, die bei geringem Wartungsaufwand möglichst wenig störanfällig sind. Störungen können sein: Fehlverbindungen, Doppelverbindungen, ungewollte Unterbrechung der Verbindung und Störsignale, die sich den Sprachsignalen einer bestehenden Verbindung überlagern.

2. Systeme von Verbindungsorganen, die eine geforderte Verkehrsleistung möglichst wirtschaftlich zu bewältigen vermögen.

Zu der zweiten Aufgabe sei darauf hingewiesen, daß in einem Fernsprechnetz mit $n$ Teilnehmern maximal $n/2$ Verbindungen gleichzeitig bestehen können, da ja zu jeder Verbindung zwei Teilnehmer gehören. Die Erfahrung lehrt, daß selbst zu Zeiten stärksten Verkehrs (Hauptverkehrsstunde) nur etwa 20% der Teilnehmer miteinander sprechen. Es genügt also, eine Vermittlungsstelle mit einer Zahl von gleichzeitig benutzbaren Verbindungswegen auszurüsten, die etwa 10% der Zahl der angeschlossenen Teilnehmer entspricht. Dabei wäre es an sich wünschenswert, daß jeder dieser Verbindungswege von jedem Teilnehmer erreichbar ist und eine Verbindung zu jedem Teilnehmer ermöglicht.

Um im Rahmen dieser Einführung wenigstens einen ersten Überblick über die Realisierung dieser beiden Aufgaben zu geben, folgen einige sehr vereinfacht dargestellte Beispiele, die jeweils nur eine von vielen möglichen Lösungen und auch diese nur in ihrer prinzipiellen Wirkungsweise wiedergeben.

Bei einer Handvermittlung nach dem Schnurpaarsystem ist jeder Teilnehmer mit einer Anrufklinke und einem Anrufzeichen verbunden (Bild 3.13). Als Anrufzeichen kann z. B. eine Glühlampe dienen, die durch einen Arbeitskontakt des Teilnehmerrelais beim Abheben des Handapparates eingeschaltet wird. Jeder Teilnehmer ist ferner mit einer Verbindungsklinke verbunden. Hebt ein Teilnehmer ab, schließt die Vermittlungskraft ihre Abfrageeinrichtung an ein freies Schnurpaar an, verbindet sich mit einem Stöpsel über die Anrufklinke mit dem rufenden Teilnehmer, meldet ihre Bereitschaft, einen Auftrag entgegenzunehmen („Hier Amt"), prüft den gewünschten Teilnehmer (z. B. über besondere Prüfadern) auf Frei oder Besetzt, sendet im Falle des Freiseins einen

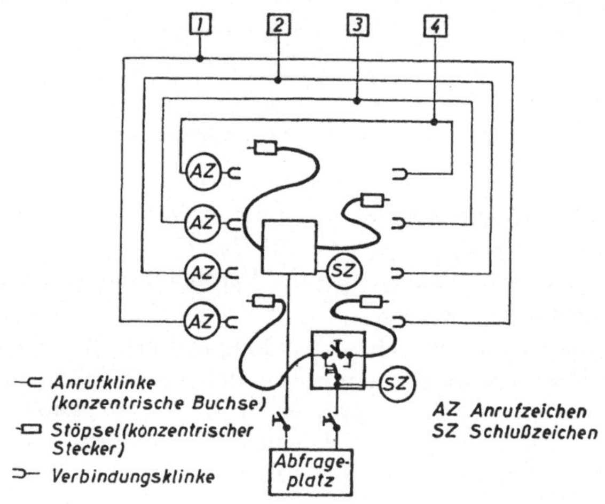



Bild 3.13　Grundschema einer Handvermittlung mit Schnurpaaren.

Rufstrom zu dem gewünschten Teilnehmer und schaltet nach dessen Meldung die Verbindung durch. Dann schaltet sie die Abfrageeinrichtung wieder ab und steht für den Aufbau weiterer Verbindungen zur Verfügung. Nach Ende des Gespräches zeigt ein Schlußzeichen des Schnurpaares an, daß die Verbindung wieder abgebaut werden kann und das Schnurpaar für weitere Verbindungen frei geworden ist.

Bei einer Wählvermittlung (Bild 3.14) müssen die von Hand bedienten Klinken, die Buchsen und die Schauzeichen durch Geräte ersetzt werden, die teilweise durch den rufenden Teilnehmer selbst ferngesteuert werden, teilweise auf Grund von Signalen und meßbaren Zuständen selbsttätige Entscheidungen treffen können. Das hier gezeigte Beispiel benutzt zur Lösung dieser Aufgaben Schrittschaltwähler, deren Kontaktarm elektromagnetisch von Kontakt zu Kontakt weitergeschaltet werden kann. Wenn ein Teilnehmer in diesem System eine Verbindung selbst aufbauen will, reizt er durch Abheben seines Handapparates einen freien Anrufsucher an, solange selbsttätig schrittweise weiterzuschalten, bis er den Kontakt des rufenden Teilnehmers gefunden hat („freie Wahl"). Dort bleibt er stehen und sendet dem rufenden Teilnehmer ein Signal (Wählzeichen), das ihm die Bereitstellung eines Verbindungsmittels ankündigt. Der Teilnehmer steuert dann mit Hilfe seiner Wählscheibe den Leitungswähler auf den Ausgang, der zu dem gewünschten Teilnehmer führt (Fernsteuerung, „erzwungene Wahl"). Nach selbsttätiger Prüfung des gewünschten Teilnehmers sendet ein Hilfsstromkreis des Leitungswählers den Ruf zu dem gewünschten Teilnehmer und schaltet nach dessen Meldung die Verbindung durch.

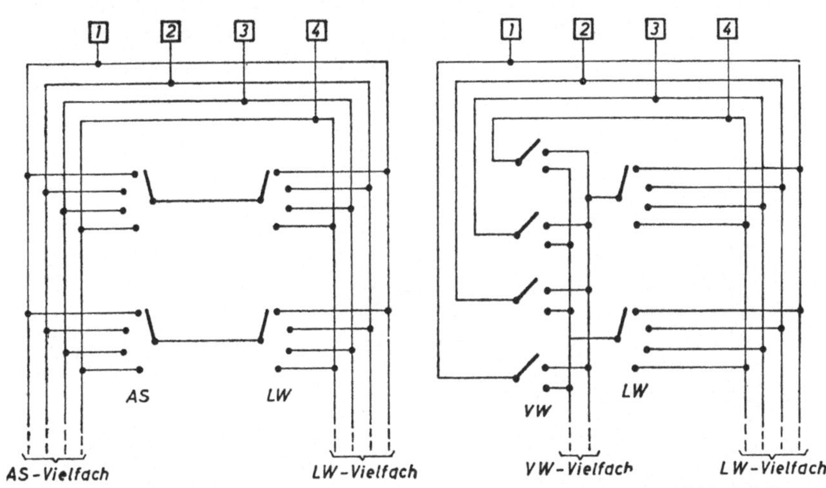

Bild 3.14 Grundschema einer Wählvermittlung mit Anrufsucher und Leitungswähler.
AS Anrufsucher, LW Leitungswähler.

Bild 3.15 Grundschema einer Wählvermittlung mit Vorwähler und Leitungswähler.
VW Vorwähler, LW Leitungswähler.

An Stelle von Anrufsuchern können auch Vorwähler benutzt werden (Bild 3.15). In diesem System ist jedem Teilnehmer ein Vorwähler zugeordnet, der bei Abheben des Handapparates in freier Wahl einen freien Leitungswähler sucht. Dazu sind die Ausgänge der Vorwähler parallel geschaltet (Vielfachschaltung), und jeder angereizte Vorwähler (VW) schaltet schrittweise so lange weiter, bis er einen noch nicht von einem anderen Vorwähler benutzten Ausgang gefunden hat. Der weitere Aufbau erfolgt wie oben durch eine von dem rufenden Teilnehmer ferngesteuerte erzwungene Wahl des Leitungswählers.

An Stelle von vielkontaktigen Schrittschaltwählern können auch Einzelkontakte in Koppelfeldern verwendet werden (Bild 3.16), die entweder durch rechtwinklig gekreuzte mechanische Betätigungsorgane gesteuert oder durch individuelle Magnetspulen betätigt werden (z. B. Kreuzschienenwähler, Magnetfeldkoppler).

Von großer Bedeutung für die Wirtschaftlichkeit ist die Wahl eines sinnvollen Systems zur Konzentration und Expansion der Verbindungswege. Würde man etwa (Bild 3.17) für 1000 Teilnehmer einfach 100 Anrufsucher (AS) mit je 1000 Eingängen und 100 Leitungswähler (LW) mit je 1000 Ausgängen zur Verfügung stellen, würden

$$
\begin{array}{ll}
\text{100 AS} \ \ \text{mit je 1000 Eingängen} & = \text{100000 Koppelpunkte} \\
\text{100 LW mit je 1000 Ausgängen} & = \text{100000 Koppelpunkte} \\
\hline
\text{zusammen} & \text{200000 Koppelpunkte}
\end{array}
$$

notwendig sein.

Wesentlich wirtschaftlicher sind Systeme mit Gruppenbildung (Bild 3.18), in denen beispielsweise je 100 Teilnehmer zu einer Gruppe zusammengefaßt werden. Neben den Anrufsuchern und den Leitungs-

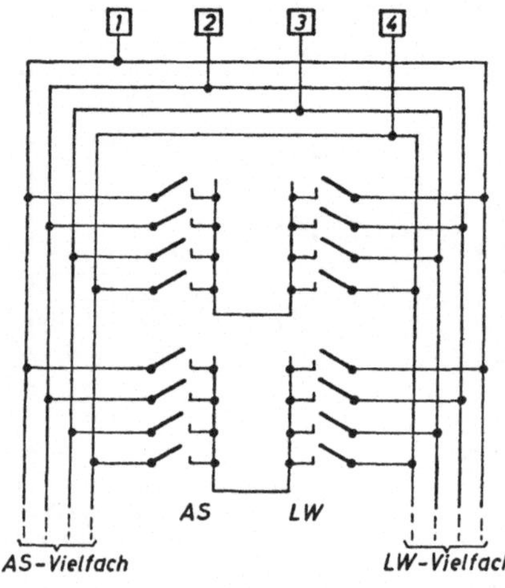


Bild 3.16 Grundschema einer Wählvermittlung mit Koppelfeldern aus Einzelkontakten.
AS Anrufsucher, LW Leitungswähler.

wählern werden jetzt noch Gruppenwähler (GW) benötigt, die in erzwungener Wahl auf eine bestimmte Gruppe von Ausgängen gesteuert werden können und dann in freier Wahl innerhalb dieser Gruppe einen Ausgang zu einem nichtbesetzten folgenden Verbindungsmittel suchen können. Bei dekadischer Unterteilung der Wähler wären in diesem Beispiel

$$
\begin{array}{ll}
10 \cdot 10 \ \text{AS} \ \ \text{mit je 100 Eingängen} & = \text{10000 Koppelpunkte} \\
10 \cdot 10 \ \text{GW mit je 100 Ausgängen} & = \text{10000 Koppelpunkte} \\
10 \cdot 10 \ \text{LW mit je 100 Ausgängen} & = \text{10000 Koppelpunkte} \\
\hline
\text{zusammen} & \text{30000 Koppelpunkte}
\end{array}
$$

notwendig. Dieser Einsparung an Koppelpunkten steht der Nachteil gegenüber, daß nicht mehr jedes Verbindungsmittel von jedem Teilnehmer erreicht werden kann. Zu den besonders reizvollen Aufgaben der Vermittlungstechnik gehört es, Systeme mit einem optimalen Kompromiß zwischen Sparsamkeit in der Zahl der Koppelpunkte und genügender Erreichbarkeit der Verbindungsmittel zu finden.

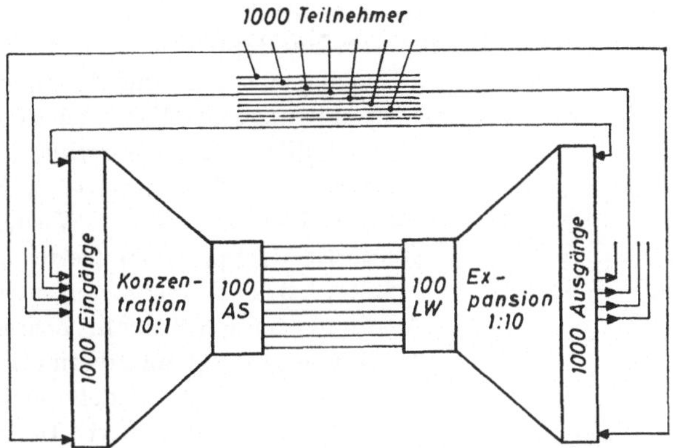


Bild 3.17 Grundschema einer Wählvermittlung mit Konzentration und Expansion (ohne Gruppenbildung).

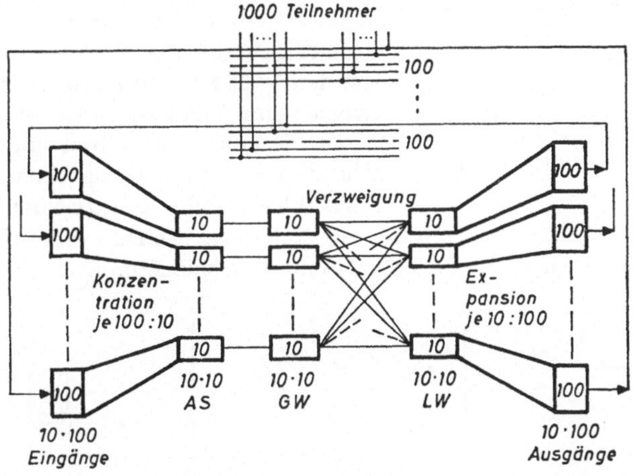


Bild 3.18 Grundschema einer Wählvermittlung mit Konzentration und Expansion (mit Gruppenbildung und Verzweigung).

Je nachdem, welche zusätzlichen Aufgaben berücksichtigt werden mußten (z. B. dekadische Unterteilung der Wähler, schnelles Abfragen starker Leitungsbündel, geringer Wartungsbedarf o. ä.), entstanden im Laufe der Entwicklung sehr verschiedene Lösungen für die Verbindungsmittel in Wählvermittlungsstellen. Ein typisches Beispiel für dekadisch unterteilte Wähler, die sowohl in erzwungener als auch in freier Wahl fortschalten können, ist der schon 1889 von STROWGER entwickelte Hebdrehwähler (Bild 3.19).

In der Literatur findet man für Wählvermittlungen häufig eine Kurzdarstellung, die Bild 3.20 zeigt. An dieser Darstellung sei der Verbindungsaufbau noch einmal kurz beschrieben. Der rufende Teilnehmer A reizt durch Abheben seines Handapparates einen freien Anrufsucher an, den A zugeordneten Eingang zu suchen und diesen mit einem Gruppenwähler zu verbinden. In erzwungener Wahl steuert der Teilnehmer diesen Gruppenwähler in die erwünschte Hundertergruppe, z. B. in die Gruppe 800···899. Der GW sucht dann in dieser Gruppe einen freien Leitungswähler, den der Teilnehmer in erzwungener Wahl in die gewünschte Zehnergruppe (z. B. von 30···39) und dann ebenfalls in erzwungener Wahl auf den gewünschten Ausgang (z. B. 7) steuert. Der rufende Teilnehmer ist dann mit dem Ausgang 837 verbunden.

Die Fernsteuerung der Wähler geschieht heute noch fast ausnahmslos durch impulsartige Unterbrechung des Schleifenstromes mit Hilfe des Nummernschalters. Um den Wählern und ihren Hilfseinrichtungen genügend Zeit zu lassen, die einzelnen Befehle auszuführen und in den Pausen zwischen den einzelnen Ziffern Freiwahlen durchführen zu können, sind für die Wahlimpulse relativ eng tolerierte Zeiten vorgeschrieben. Um diese einzuhalten, wird der Nummernscheibenimpulskontakt nicht

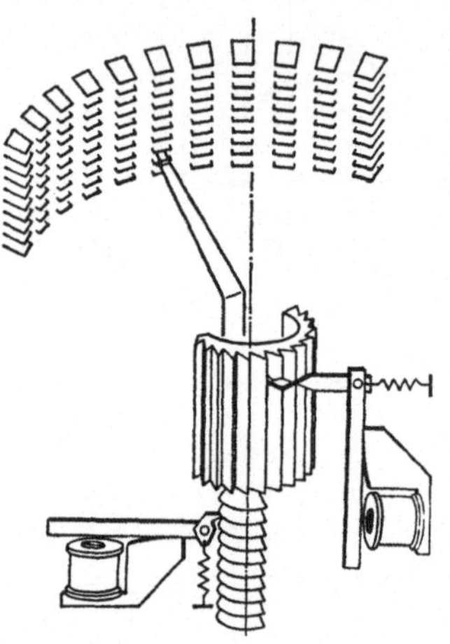

Bild 3.19 Beispiel eines Schrittschaltwählers (Hebdrehwähler mit Wälzankerantrieb).

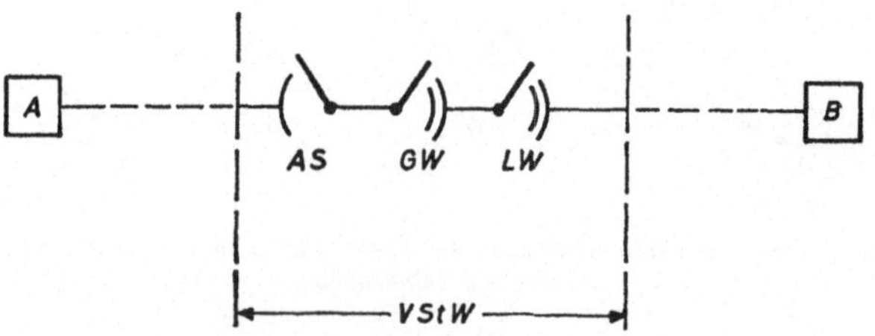


Bild 3.20 Kurzdarstellung einer Wählvermittlung.

während des Aufziehens der Nummernscheibe betätigt, da dies je nach Temperament des Teilnehmers schnell oder langsam erfolgen kann, sondern während des durch einen Fliehkraftregler in engen Grenzen tolerierten Rücklaufes. Am Ende des Rücklaufes ist eine

Zwangspause (Leerlauf) eingeschaltet, die es der Vermittlungsstelle erlaubt, zwischen den Impulsen einer Ziffer und den Impulsfolgen verschiedener Ziffern zu unterscheiden (Bild 3.21).

Als einfaches Zeitmeßgerät, das zwischen den kurzen Pausen innerhalb einer Impulsfolge und der längeren Pause zwischen zwei Ziffern unterscheiden kann, können abfallverzögerte Relais benutzt werden.

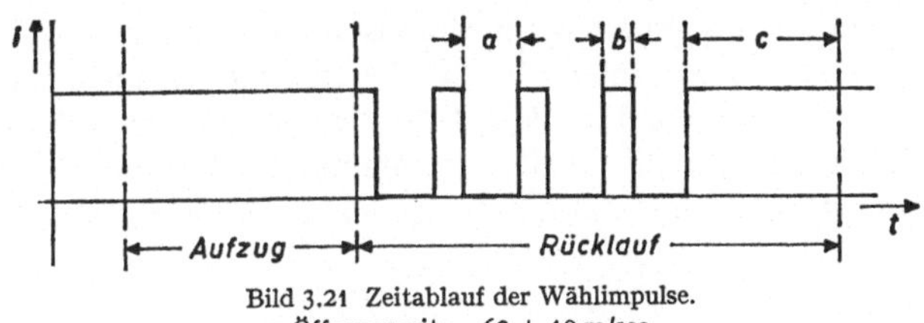


Bild 3.21  Zeitablauf der Wählimpulse.
a Öffnungszeit = 62 ± 10 m/sec,
b Schließungszeit = 38 ± 6 m/sec
c Zwangsleerlauf ≈ 200 m/sec

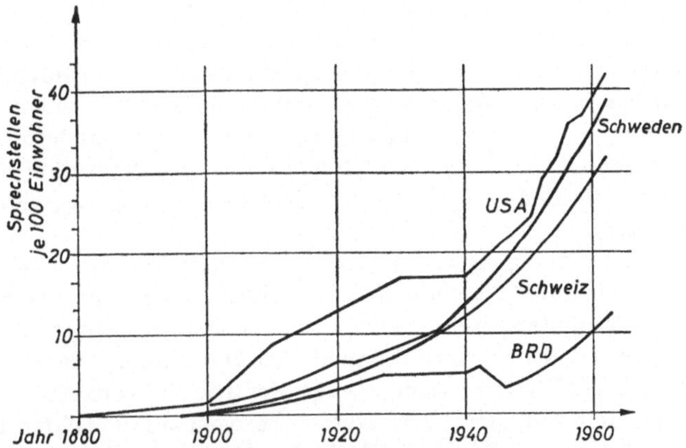


Bild 3.22  Entwicklung der Fernsprechdichte in verschiedenen Ländern.

Die einfachste Ausführung benutzt eine zusätzliche Kurzschlußwicklung, in der bei dem Abschalten des Stromes in der Arbeitswicklung ein Kurzschlußstrom induziert wird; dieser sucht das magnetische Feld des Kerns aufrechtzuerhalten (Lenzsche Regel). Erst wenn dieser Kurzschlußstrom auf Grund der Stromwärmeverluste genügend weit abgeklungen ist, fällt der Anker des Relais ab. Gegenüber einem Relais ohne Kurzschlußwicklung erzielt man auf diese Weise Verzögerungszeiten in der Größenordnung von 100 msec. Ein solches abfallverzögertes Relais bleibt also während einer Stromunterbrechung von der Länge der Schließungszeit $b$ angezogen, während es bei einer Stromunterbrechung von der Länge des Zwangsleerlaufes $c$ abfällt. Durch Kombination mit einem nichtverzögerten Relais kann so auf einfache Weise zwischen der Impulsfolge einer Ziffer und der Pause zwischen zwei Ziffern unterschieden werden.

Die öffentlichen Fernsprechnetze zeigen in aller Welt eine anhaltende Tendenz zur Expansion (Bild 3.22). Hand in Hand mit der Zunahme der Sprechstellen und der fortschreitenden Einführung der Wählvermittlungstechnik auch im Fernsprechfernverkehr läßt sich auch eine deutliche Tendenz erkennen, die mechanisch angetriebenen Wähler und die klassischen Relaisformen durch elektronische Bauelemente und Schaltkreise zu ersetzen. Das Ziel dieser modernen Entwicklungen ist es unter anderem, für die in dem vorstehenden Kapitel aufgezeigten Aufgaben wirtschaftlichere und betriebssicherere Lösungen zu finden.

# 4. Bildübertragung

## a) Bildtelegraphie

Der Wunsch, zweidimensionale Bilder in die Ferne zu übertragen, führt zu der Aufgabe, das räumliche Nebeneinander der Bildvorlage in ein zeitliches Nacheinander von elektrischen Signalen umzuwandeln (Bildabtastung) und am Empfangsort aus den aufeinanderfolgenden Signalelementen wieder eine zweidimensionale Konfiguration zurückzugewinnen, die dem ursprünglichen Bild genügend genau entspricht (Bildsynthese).

Die älteste Lösung dieser Aufgabe stammt von BAKEWELL (Bild 4.1). Das Bild wurde mit isolierender Tinte auf die leitende Mantelfläche eines rotierenden Zylinders aufgezeichnet und von einem Kontaktstift abgetastet, der von einer Schraubenspindel parallel zur Zylinderachse fortbewegt wird. Die Bildabtastung erfolgt hier also in Form einer Schraubenlinie auf dem Zylindermantel oder — bezogen auf die Bildvorlage — durch parallele, schwach zur Bildkante geneigte Geraden.

Für die Bildsynthese benutzte BAKEWELL eine dem Sendegerät entsprechende Anordnung. Die Aufzeichnung erfolgte auf elektrochemischem Wege auf entsprechend präpariertem Papier. Wenige Jahre später gab MEYER ein mechanisches Druckverfahren für die Bildsynthese an, das (wie später der Hell-Schreiber, siehe Seite 15) eine umlaufende Schreibspindel und eine elektromagnetisch betätigte Druckschneide benutzte.

Heute erfolgt die Bildabtastung bei den Geräten zur Bildtelegraphie (Faksimiletelegraphie) optisch mit Hilfe von Linsensystemen und Photozellen, die Bildsynthese entweder photographisch mit Linsensystemen und intensitätsgesteuerten Lichtquellen oder mechanisch mit oszillierenden Druckstiften (Hellfax). Die Rotation der Zylinder (Bildwalzen) und der Vorschub des Abtastkopfes und des Wiedergabekopfes müssen

synchron und phasenrichtig erfolgen, damit keine geometrischen Verzerrungen entstehen.

Die Bildqualität einer Faksimileübertragung wird um so besser, je
kleiner die Abtastfläche gewählt wird. Ihre Größe bestimmt das kleinste
Detail der Bildvorlage (das kleinste Bildelement), das bei einer kontinuierlichen Abtastung noch gerade voll erkannt werden kann. Für
die Qualitätsanforderungen an photographische Vorlagen für Repro-

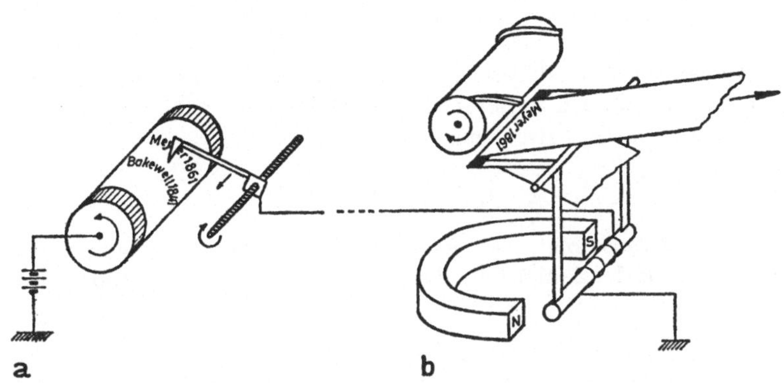


Bild 4.1 Historische Beispiele aus der Entwicklung der Bildtelegraphie.
a) Sendegerät von BAKEWELL (1847), b) Empfangsgerät von MEYER (1861).

duktionszwecke (Bildreportage) ist im internationalen Bildtelegraphen-
verkehr eine Abtastfläche von $0{,}19 \cdot 0{,}19 \ mm^2$ vereinbart. Das entspricht einer Abtastung mit etwa $5^1/_3$ Linien je mm Bildbreite. Bei
einem Bildwalzenumfang von $66 \cdot \pi = 207{,}5 \ mm$ und einer Bild-
walzendrehzahl von 1 Umdrehung je sec ergibt sich für das kleinste
übertragbare Bildelement eine Abtastzeit von

$$T_0 = \frac{0{,}19 \ mm}{207{,}5 \ mm/sec} = 0{,}915 \ msec\,.$$

Daraus folgt eine Telegraphiergeschwindigkeit

$$v_T = 1/T_0 \approx 1100 \ \text{Baud}$$

und eine Telegraphierfrequenz oder Punktfrequenz von

$$f_T = 1/(2T_0) \approx 550 \ \text{Hz}\,.$$

Bei einer Breite der Bildwalze von 120 mm beträgt die Übertragungszeit $t_ü$ für eine Vorlage von $207{,}5 \cdot 120 \ mm^2$ (d. h. nach Abzug der Bild-
ränder für eine nutzbare Bildfläche von $\approx 220 \ cm^2$)

$$t_ü = 10{,}5 \ min\,.$$

## b)  Das Zeitgesetz der Nachrichtentechnik

Die Bildtelegraphie eignet sich besonders dazu, das Zeitgesetz der Nachrichtentechnik zu erläutern.

Die Übertragungszeit $t_{\ddot{u}}$ für eine Bildvorlage von $z$ Bildelementen mit einem Gerät, das ein Bildelement in der Zeit $T_0$ abtastet, beträgt

$$t_{\ddot{u}} = z T_0 .$$

Zur verzerrungsfreien Übertragung eines Signals, das bei der Abtastung z. B. eines schwarzen Punktes von der Größe eines Bildelementes entsteht, wird eine Grenzfrequenz $f_g$ von

$$f_g \geq f_T \geq 1/(2 T_0)$$

benötigt. Daraus folgt, daß das Produkt aus Übertragungszeit und Grenzfrequenz der Zahl der zu übertragenden Bildelemente proportional ist:

$$t_{\ddot{u}} \cdot f_g \ \text{prop.} \ z .$$

Soll eine bestimmte Zahl von Bildelementen oder, allgemeiner ausgedrückt, von Signalelementen, in einer vorgegebenen Zeit übertragen werden, muß dafür ein Übertragungssystem mit genügend hoher Grenzfrequenz zur Verfügung gestellt werden. Hat das Übertragungssystem nur eine niedrige Grenzfrequenz, dann muß die Abtastung langsamer erfolgen oder, allgemeiner ausgedrückt, erfordert die Übertragung einer bestimmten Zahl von Signalelementen eine längere Zeit (siehe auch Kapitel 10d).

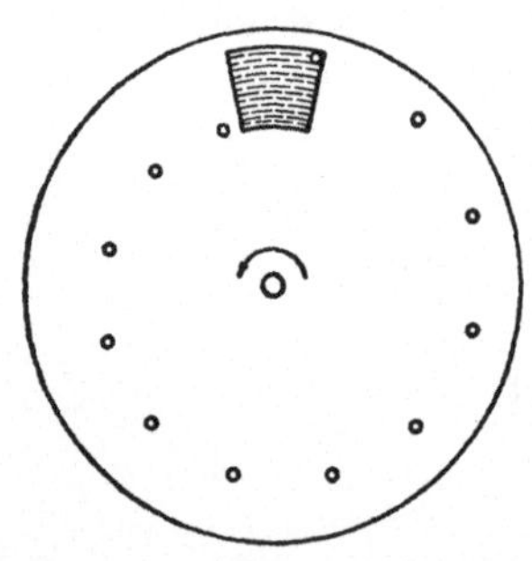

Bild 4.2 Rotierende Lochscheibe zur Abtastung von Bildern (NIPKOW 1884).

## c)  Fernsehen

Bei der Fernsehübertragung (Television von τῆλε = in der Ferne und visio = das Sehen) wird die Aufgabe gestellt, nicht nur einzelne Bildvorlagen, sondern auch die Bewegungen innerhalb eines Bildes am Empfangsort wiederzugeben. Dazu ist eine doppelte Zerlegung des optischen Geschehens am Sendeort notwendig, nämlich eine Auflösung des Bewegungsvorganges in schnell aufeinanderfolgende Einzelbilder und die Zerlegung jedes Einzelbildes in Bildelemente.

Die erste praktische Lösung dieser Aufgabe gelang NIPKOW 1884 mit einer rotierenden Lochscheibe (Bild 4.2). Heute erfolgt die Bildabtastung elektronisch. Das Grundprinzip zeigt Bild 4.3.

Das zu übertragende Bild wird durch ein Linsensystem auf eine Vielzahl von Photozellen abgebildet, die nach einem bestimmten Schema periodisch wiederholt abgefragt werden. Die schematische Darstellung einer praktischen Ausführung (Ikonoskop von ZWORYKIN 1925) zeigt Bild 4.4. An die Stelle vieler einzelner Photozellen tritt ein fein verteiltes

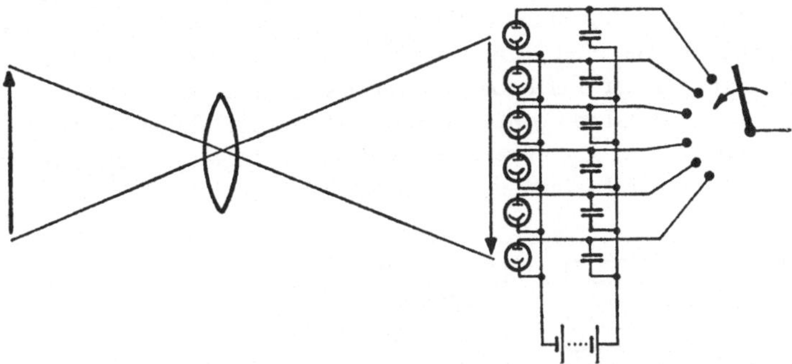

Bild 4.3  Grundprinzip einer elektronischen Bildabtastung.

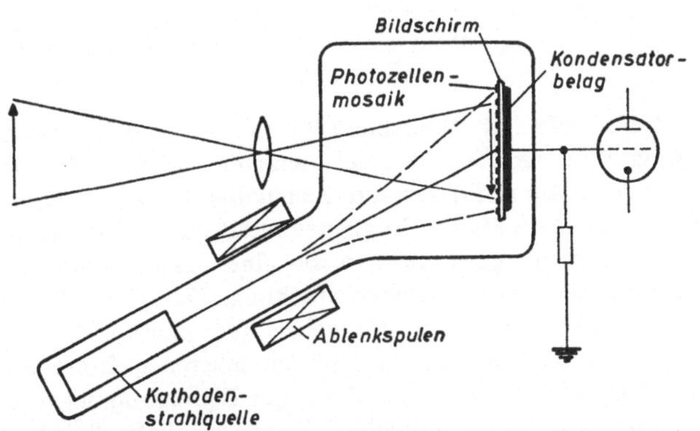


Bild 4.4  Schematische Darstellung eines Ikonoskopes (ZWORYKIN 1925).

Mosaik von Zäsiumoxyd-Photozellen auf der Vorderseite eines Bildschirmes, dessen Rückseite als gemeinsamer Kondensatorbelag ausgeführt ist. Die Abtastung erfolgt mit einem Elektronenstrahl, der in zwei senkrecht aufeinander stehenden Richtungen abgelenkt werden kann.

Die Ablenkung des Strahles erfolgt in der Senkrechten mit einer Sägezahnspannung, deren Grundfrequenz gleich der Bildwechselfrequenz ist. Die Ablenkung in der Horizontalen erfolgt ebenfalls mit einer Sägezahnspannung, deren Grundfrequenz ein der Zeilenzahl entsprechendes Vielfaches der Bildwechselfrequenz ist. Das Prinzip des so entstehenden Abtastschemas zeigt Bild 4.5 a.

Für die Wahl der Bildwechselfrequenz ist die physiologische Trägheit des menschlichen Auges maßgebend. Eine Folge von etwa 25 Einzelbildern in der Sekunde genügt zwar, um scheinbar stetige Bewegungen wiederzugeben. Der Hell-Dunkel-Wechsel zwischen den einzelnen Bildern erfolgt aber hierbei noch so langsam, daß ein störendes Flimmern beobachtet wird. In Anlehnung an die Kinoprojektion, bei der jedes Einzelbild mit Hilfe einer umlaufenden Blende zweimal gezeigt wird und dadurch die Hell-Dunkel-Wechselfrequenz verdoppelt wird, benutzt man bei der Fernsehabtastung das Zeilensprungverfahren, das jedes Bild zweimal in Form ineinandergelegter Halbbilder abtastet. Das Schema zeigt Bild 4.5 b. Da jedes Halbbild aus $n + 1/2$ Zeilen besteht, muß die Gesamtzahl der Zeilen ungerade sein.

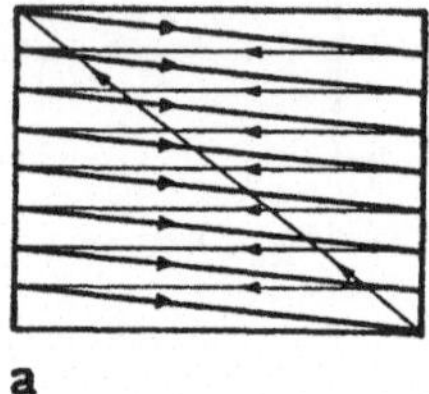

a

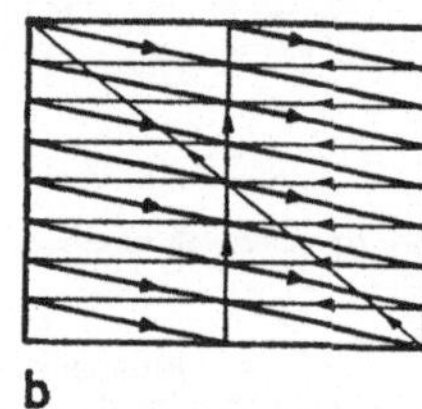

b

Bild 4.5 Schema der Bildabtastung.
a) Einfache zeilenweise Bildabtastung, b) Bildabtastung mit Zwischenzeilen (Zeilensprungverfahren).

Die Zahl der Zeilen ist maßgebend für das Auflösungsvermögen der Bildabtastung, d. h. für die Größe der kleinsten Bildelemente, die noch erkannt werden können. Da die zur Zeilenablenkung benötigte Sägezahnspannung in einem festen Frequenzverhältnis zur Bildablenkungsspannung stehen muß, gewinnt man die eine aus der anderen durch Frequenzteilung oder Frequenzvervielfachung. Da solche Teiler- oder Vervielfachersysteme nur dann frequenz- und phasenstarr arbeiten, wenn das Teilerverhältnis nicht zu groß ist, müssen mehrere Stufen in Reihe geschaltet werden. Daraus und aus der Bedingung der ungeraden Zeilenzahl ergeben sich beispielsweise folgende mögliche Zeilenzahlen:

$$7 \cdot 7 \cdot 3 \cdot 3 = 441 \text{ Zeilen,}$$
$$7 \cdot 5 \cdot 5 \cdot 3 = 525 \text{ Zeilen,}$$
$$5 \cdot 5 \cdot 5 \cdot 5 = 625 \text{ Zeilen.}$$

625 Zeilen ist die Norm der meisten europäischen Länder.

Bei 625 Zeilen je Bild und einem Seitenverhältnis des Bildschirmes von 4 : 3 ergeben sich

$$4/3 \cdot 625^2 = 522\,000 \text{ Bildelemente je Bild.}$$

Bei einer Bildwechselfrequenz von 25 Hz (50 Halbbilder je sec) ergeben sich daraus

$$522\,000 \cdot 25 \approx 13 \cdot 10^6 \text{ Bildelemente je sec.}$$

Damit wird

die Telegraphiergeschwindigkeit $v_\mathrm{T} \approx 13 \cdot 10^6$ Baud,
die Punktfrequenz $f_\mathrm{T} \approx 6{,}5 \cdot 10^6$ Hz.

Für die direkte Übertragung von Fernseh-Bildsignalen müßte also theoretisch eine Grenzfrequenz von 6,5 MHz gefordert werden. Praktisch begnügt man sich aus wirtschaftlichen Gründen mit einer Grenzfrequenz von etwa 5 MHz, da geringfügige Verzerrungen einzelner Bildelemente bei einer Zeilenzahl von 625 Zeilen je Bild noch nicht störend in Erscheinung treten.

Die Bildsynthese erfolgt in den Fernsehempfangsgeräten mit Hilfe einer Kathodenstrahlröhre (BRAUN 1897), deren Elektronenstrahl synchron mit der Bildabtastung abgelenkt werden muß und durch das Bildsignal in seiner Intensität gesteuert wird. Um den Synchronismus sicherzustellen, werden zusätzlich zu den Bildsignalen in den Pausen zwischen den einzelnen Abtastperioden Synchronisiersignale übertragen.

# 5. Elektroakustik

Unter dem Begriff Elektroakustik faßt man alle diejenigen Geräte und Anlagen zusammen, die Schallereignisse[1] unter Verwendung elektrischer und magnetischer Phänomene aufnehmen, speichern, übertragen und wiedergeben sollen. Wichtige Anwendungsgebiete sind der Rundfunk (etwa seit 1920), die Beschallung großer Räume oder Plätze mit Lautsprechern (etwa seit 1924), der Tonfilm (etwa seit 1928), die Ultraschalltechnik (etwa seit 1930), die Magnettonaufzeichnung (etwa seit 1935). Die Grundprinzipien der meisten hier verwendeten Geräte und Verfahren sind schon sehr viel länger bekannt, so das elektrodynamische Telephon von SIEMENS 1878, die mechanische Tonaufzeichnung von EDISON 1877, die Magnettonaufzeichnung von POULSEN 1898 und die Lichttonaufzeichnung von RUHMER 1901. Die praktische Anwendung setzte aber nicht nur ein genügendes Bedürfnis, sondern vor allem auch eine ausgereifte Verstärkertechnik voraus, die erst nach dem ersten Weltkrieg zur Verfügung stand. Aus der Vielfalt der Probleme sollen hier die sogenannten elektroakustischen Wandler als eine spezielle Form der elektrischen Maschinen und einige für den Bau dieser Geräte wichtige Eigenschaften des Schallfeldes behandelt werden.

---

[1] Unter Schall werden im folgenden Schwingungen und Wellen eines elastischen Mediums verstanden, nicht etwa die zugeordnete Hörempfindung.

## a) Elektroakustische Wandler

Unter dem Begriff „Elektroakustische Wandler" werden hier diejenigen Systeme zusammengefaßt, die sowohl Schallschwingungen in elektrische Schwingungen als auch umgekehrt elektrische Schwingungen in Schallschwingungen umwandeln können oder, allgemeiner ausgedrückt, mechanische Energie in elektrische umwandeln können und umgekehrt.

In der Spezialliteratur über Elektroakustik werden Wandler im obenstehenden Sinn häufig reziproke Wandler genannt. Damit soll zum Ausdruck gebracht werden, daß sie das Reziprozitätstheorem (Vertauschbarkeit von Ursache und Wirkung, siehe Seite 86) erfüllen. Abgesehen davon, daß das Wort reziprok auf einen Kehrwert und nicht auf das Reziprozitätstheorem hinweist, gilt auch das letztere bei elektroakustischen Wandlern nur, wenn die mechanischen Größen auf Grund spezieller Analogien durch elektrische Größen beschrieben werden. Will man die Eigenschaft der Wandler, in beiden Richtungen arbeiten zu können, besonders kennzeichnen, ohne sich auf bestimmte Analogien festlegen zu müssen, spricht man daher besser von reversiblen Wandlern.

Die Parallele zu den elektroakustischen Wandlern stellen in der Starkstromtechnik die elektrischen Maschinen dar. Während die letzteren aber — mit wenigen Ausnahmen — Rotationsbewegungen ausführen, oszillieren die elektroakustischen Wandler um eine Ruhelage. Ziel bei der Entwicklung elektrischer Maschinen ist meist ein möglichst hoher Wirkungsgrad, bei den elektroakustischen Wandlern ein in einem sehr weiten Frequenzbereich gleichbleibender Übertragungsfaktor (siehe Seite 105).

Sowohl bei elektrischen Maschinen als auch bei elektroakustischen Wandlern sind zwei Betriebsarten möglich, nämlich

1. Aufnahme elektrischer Energie, Abgabe akustischer bzw. mechanischer Energie (Betrieb als Schallsender, z. B. als Lautsprecher; dies entspricht dem Motorbetrieb);

2. Aufnahme akustischer bzw. mechanischer Energie, Abgabe elektrischer Energie (Betrieb als Schallempfänger, z. B. als Mikrophon; dies entspricht dem Generatorbetrieb).

Mit technischen Mitteln lassen sich hohe magnetische Energiedichten relativ leicht realisieren, da die magnetische Durchflutung multiplikativ mit der Windungszahl ansteigt, wenn ein Strom in einer Wicklung mehrfach um einen Kern fließt. Die technische Realisierung hoher elektrischer Energiedichten ist wesentlich schwieriger, da die Durchschlagsfestigkeit der Luft der zulässigen elektrischen Feldstärke Grenzen setzt. Aus diesem Grunde werden bei elektrischen Maschinen vorwiegend die Kraftwirkungen von Magnetfeldern auf stromdurchflossene Leiter sowie die Induktionswirkung zeitlich sich ändernder Magnetfelder ausgenutzt.

Beim Bau elektroakustischer Wandler, bei denen die Energiedichten im allgemeinen gering bleiben, können dagegen Kraftwirkungen sowohl elektrischer als auch magnetischer Felder verwendet werden.

Bild 5.1 zeigt vier wichtige Beispiele und erläutert den Betrieb elektroakustischer Wandler als Schallsender. Unter Kraftgesetz wird hier die Abhängigkeit einer mechanischen Kraft von elektrischen oder magnetischen Größen verstanden. Bei Schallsendern wird diese Kraft zum Antrieb einer Membran benutzt, deren oszillierende Bewegung Schallwellen abstrahlen soll.

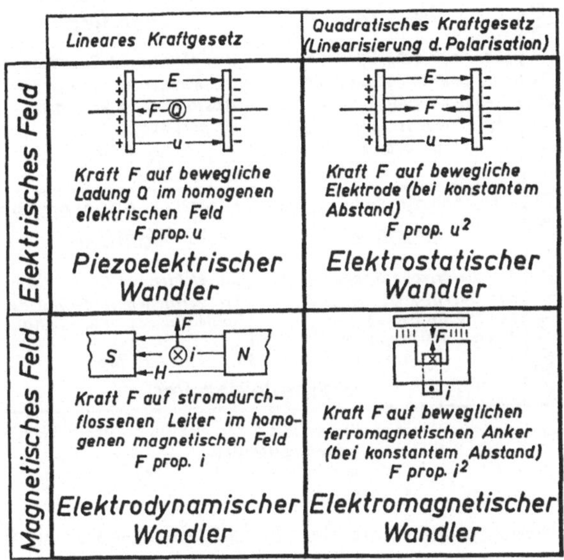


Bild 5.1 Grundprinzip der Wirkungsweise verschiedener elektroakustischer Wandler im Schallsende-betrieb.

Das Bild zeigt, daß es sowohl Wandler mit linearem als auch mit quadratischem Kraftgesetz gibt. Wie schon bei der Beschreibung der elektromagnetischen Hörkapsel (siehe Seite 22) erläutert wurde, können Systeme mit quadratischem Kraftgesetz linearisiert werden, wenn eine polarisierende Gleichgröße überlagert wird, z. B. eine Gleich-spannung zwischen den Elektroden eines elektrostatischen Wandlers oder eine Vormagnetisierung (Dauermagnet) in dem magnetischen Kreis eines elektromagnetischen Wandlers.

Da Systeme mit quadratischem Kraftgesetz auch eine polarisierende Gleichgröße brauchen, um als Schallempfänger wirken zu können, werden sie erst hierdurch zu echten Wandlern in dem einleitend formu-lierten Sinn.

Die prinzipielle Wirkungsweise der vier in Bild 5.1 gezeigten Wand-lertypen bei Betrieb als Schallempfänger zeigt Bild 5.2. Wenn Schallwellen auf ein bewegliches Element (Membran) des Systems einwirken, führt dieses Element unter dem Einfluß der mechanischen Kräfte des Schallfeldes oszillierende Bewegungen um eine Ruhelage aus. Diese Bewegung kann beschrieben werden durch den zeitlichen Verlauf

der Auslenkung (Elongation) aus der Ruhelage $\xi(t)$,
der Geschwindigkeit (Schnelle) der Bewegung $v(t) = \mathrm{d}\xi/\mathrm{d}t$.

| | Elongationswandler | |
|---|---|---|
| **Elektrisches Feld** | *Piezoelektrischer Wandler*<br>Die elektrische Spannung ist der inneren mechanischen Spannung proportional. Im Hookeschen Bereich gilt: $u_0$ prop. $\xi$ | *Elektrostatischer Wandler*<br>Die elektrische Spannung ist bei konstanter Ladung dem Abstand der Elektroden proportional: $u_0$ prop. $\xi$ |
| **Magnetisches Feld** | *Elektrodynamischer Wandler*<br>Die elektrische Spannung ist der Geschwindigkeit des Leiters im homogenen Magnetfeld proportional: $u_0$ prop. $v$ | *Elektromagnetischer Wandler*<br>Die elektrische Spannung ist der zeitlichen Änderung des Spulenflusses proportional: $u_0$ prop. $v$ |
| | Schnellewandler | |

Bild 5.2 Grundprinzip der Wirkungsweise verschiedener elektroakustischer Wandler im Schallempfängerbetrieb.

Um Verwechslungen mit der Fortpflanzungsgeschwindigkeit der Schallwellen zu vermeiden, hat sich im Bereich der Akustik eingebürgert, nicht von der „Geschwindigkeit" des oszillierenden Elementes, sondern von seiner „Schnelle" zu sprechen. Bild 5.2 zeigt Wandler, deren elektrische Größe der Elongation des beweglichen Elementes proportional ist (Elongationswandler) und Wandler, deren elektrische Größe der Schnelle des beweglichen Elementes proportional ist (Schnellewandler). Wie noch zu zeigen sein wird, muß außerdem unterschieden werden, ob die Kraft auf das bewegliche Organ dem Schalldruck oder dessen räumlichem Gradienten proportional ist (Seite 51).

### b) Das Schallfeld

Schallschwingungen breiten sich in elastischen Medien in Wellenform aus. Dazu kann ganz allgemein folgendes gesagt werden:

1. In einem passiven linearen System können periodische Schwingungen dann angeregt werden, wenn zwei komplementäre Energiespeicher vorhanden sind, zwischen denen Energie periodisch ausgetauscht

werden kann. In einem elastischen Medium kann sowohl potentielle als auch kinetische Energie gespeichert werden, und zwar

$$\text{potentielle Energie je Volumeneinheit} = \varkappa_0 p^2/2,$$
$$\text{kinetische Energie je Volumeneinheit} = \varrho_0 v^2/2.$$

Hierin bedeuten

$$\varkappa_0 \quad \text{Kompressibilität} = \frac{\text{relative Änderung des Volumens}}{\text{Änderung des Druckes}}$$

$$= \frac{1}{V}\,\frac{\partial V}{\partial p} \quad \text{(Stoffeigenschaft)},$$

$$\varrho_0 \quad \text{Dichte} = \frac{\text{Masse}}{\text{Volumen}} = \frac{m}{V} \quad \text{(Stoffeigenschaft)},$$

$p$   Druck auf das Volumenelement (Skalar),

$v$   Schnelle (Geschwindigkeit) des Volumenelementes (Vektor).

Der Index $_0$ soll darauf hinweisen, daß es sich hier um die statischen Stoffeigenschaften im schwingungsfreien Zustand des Mediums handelt.

2. Schwingungen breiten sich wellenförmig aus, wenn zwei Größen so miteinander verknüpft sind, daß jede räumliche Änderung der einen eine zeitliche Änderung der anderen zur Folge hat und umgekehrt. Solche gegenseitigen Verknüpfungen bestehen beispielsweise zwischen der elektrischen Feldstärke $E$ und der magnetischen Feldstärke $H$, und in einem elastischen Medium zwischen dem Druck $p$ und der Schnelle $v$. Ohne auf die Ableitungen im einzelnen einzugehen, werden im folgenden die Verhältnisse in elektromagnetischen Feldern im Vakuum und in Schallfeldern in elastischen Medien einander gegenübergestellt:

Elektromagnetisches Feld:

$$\operatorname{rot} E = -\mu_0\,\partial H/\partial t,$$
$$\operatorname{rot} H = \varepsilon_0\,\partial E/\partial t.$$

Schallfeld:

$$-\operatorname{grad} p = \varrho_0\,\partial v/\partial t,$$
$$\operatorname{div} v = -\varkappa_0\,\partial p/\partial t.$$

Die Fortpflanzungsgeschwindigkeit der Wellen ergibt sich als Kehrwert des geometrischen Mittels aus den auf die Volumeneinheit bezogenen Speicherfähigkeiten:

$$c_{\text{el}} = 1/\sqrt{\varepsilon_0\mu_0}. \qquad\qquad c_{\text{ak}} = 1/\sqrt{\varkappa_0\varrho_0}.$$

Das Verhältnis der beiden eine Welle kennzeichnenden Größen ist im Spezialfall der ebenen Welle der Wurzel aus dem Verhältnis der auf die Volumeneinheit bezogenen Speicherfähigkeiten umgekehrt proportional:

$$E/H = \Gamma_0 = \sqrt{\mu_0/\varepsilon_0} = \mu_0 c_{\text{el}} \qquad p/v = W_0 = \sqrt{\varrho_0/\varkappa_0} = \varrho_0 c_{\text{ak}}$$

(Wellenwiderstand des Vakuums).     (Schallkennimpedanz eines elastischen Mediums).

Für die Kompressibilität von Gasen gilt

$$\varkappa_0 = \frac{1}{(c_p/c_v)\,\bar{p}}.$$

Für Luft von 20 °C und mittleren Atmosphärendruck beträgt

das Verhältnis der spezifischen Wärmen $c_p/c_v \approx 1,4$,

der statische Druck $\bar{p} \approx 10^5$ N/m² = 1000 mbar,

die Kompressibilität $\varkappa_0 \approx 0,705 \cdot 10^{-5}$ msec²/kg,

die Dichte $\varrho_0 \approx 1,2$ kg/m³.

Daraus ergibt sich die Schallfortpflanzungsgeschwindigkeit für Schallwellen in Luft von 20 °C und Atmosphärendruck zu

$$c_{20°C} = 344 \text{ m/sec}$$

und die Schallkennimpedanz als Verhältnis der Augenblickswerte von Schalldruck und Schallschnelle in der ebenen Welle zu

$$W_0 = 414 \text{ Nsec/m}^3.$$

Die vorstehenden Formeln zeigen die Schwierigkeiten, die in Grenzgebieten der Physik dadurch entstehen können, daß unsere Alphabete nicht über eine ausreichende Zahl von Buchstaben verfügen, um alle physikalischen Größen eindeutig durch Kurzzeichen beschreiben zu können. So bedeutet hier $v$ den Augenblickswert der Schnelle eines Volumenelementes in einer Schallwelle, $V$ das Volumen eines elastischen Mediums, in dem sich eine Schallwelle ausbreitet. $p$ ist der Augenblickswert des Schallwechseldruckes, nicht der Augenblickswert einer elektrischen Leistung. $\varkappa_0$ ist die Kompressibilität des elastischen Mediums, nicht das Verhältnis der spezifischen Wärmen eines Gases.

Sowohl die Schallfortpflanzungsgeschwindigkeit als auch die Schallkennimpedanz sind stark temperaturabhängig. Für einige andere elastische und unendlich ausgedehnte Medien sind die entsprechenden Werte unter Angabe der jeweiligen Randbedingungen in nachstehender Tabelle angegeben.

| | Dichte $\varrho$ in kg/m³ | Schallgeschwindigkeit $c$ in m/sec | Schallkennimpedanz $W_0$ in Nsec/m³ |
|---|---|---|---|
| Luft (1000 mbar, 20 °C) | 1,2 | 343 | 412 |
| Wasser (10 °C) | 1000 | 1440 | $1,44 \cdot 10^6$ |
| Stahl* ($E = 0,22 \cdot 10^6$ N/m², $\mu = 0,3$) | 7700 | 6060 | $46,4 \cdot 10^6$ |

* unendlich ausgedehnter Körper.

Um eine Vorstellung von den periodischen Vorgängen in einer Schallwelle in Luft zu gewinnen, folgen hier die drei wichtigsten Angaben über eine ebene Schallwelle der Frequenz 1000 Hz mit einem Schalldruckpegel von 70 dB (siehe Seite 137) in Luft unter Atmosphärendruck von $10^5$ N/m² = 1000 mbar[1]:

Scheitelwert des Schallwechseldruckes $\hat{p} = 1$ µbar,

Scheitelwert der Elongation aus der Ruhelage $\hat{\xi} = 0{,}038$ µm,

Scheitelwert der Schnelle um die Ruhelage $\hat{v} = 2{,}4 \cdot 10^{-4}$ m/sec.

Besonders wichtig ist eine Vorstellung von der Größenordnung der Wellenlängen in Schallfeldern. Aus der Beziehung

$$\lambda = c/f$$

finden wir für Schallwellen in Luft, daß dem Frequenzbereich des menschlichen Gehörs von rund 16 Hz bis 16 kHz Wellenlängen zwischen rund 20 m und 2 cm entsprechen (siehe Seite 138). Das bedeutet bezüglich der elektroakustischen Wandler, daß im Bereich tiefer Frequenzen die Wellenlängen groß, im Bereich hoher Frequenzen die Wellenlängen klein gegenüber den geometrischen Abmessungen dieser Geräte sind, ein Umstand, der bei der Konstruktion von elektroakustischen Wandlern berücksichtigt werden muß.

## c) Anpassung elektroakustischer Wandler an das Schallfeld

Für den Betrieb als Schallsender ist die Frage der Schallabstrahlung von schwingenden Flächen von besonderer Bedeutung. Für eine theoretische Behandlung eignet sich hier vor allem die — an sich etwas abstrakte — Vorstellung von einer schwingenden Kugeloberfläche (Kugelstrahler). Je nachdem, ob die ganze Kugelfläche konphas schwingt (atmende Kugel, Kugelstrahler nullter Ordnung) oder ob zwei gegenphasig schwingende Teile der Oberfläche durch eine Knotenlinie getrennt sind (oszillierende Kugel, Kugelstrahler erster Ordnung) oder ob die Kugeloberfläche durch noch mehr Knotenlinien in gegenphasig schwingende Teilbereiche unterteilt ist, sind die Strahlungsbedingungen sehr verschieden (Bild 5.3).

Die von einem Kugelstrahler abgestrahlte akustische Leistung kann berechnet werden. Ohne auf die Ableitung einzugehen, wird hier das Ergebnis in folgender Form dargestellt:

$$P_{\text{akust}} = v^2 \cdot A \cdot W_0 \cdot R'_{\text{Str}}.$$

---

[1] Ein Schalldruckpegel von 70 dB entspricht etwa der Lautstärke eines Fernsprechweckers in 1 m Abstand.

Darin bedeuten

$v$      Schnelle der Oberflächenschwingung,

$A$      Oberfläche der Kugel $= \pi D^2$,

$W_0$    Schallkennimpedanz des umgebenden Mediums,

$R'_{Str}$ Realteil der auf die Oberflächeneinheit bezogenen Schallstrahlungsimpedanz (früher in der Literatur spezifischer Strahlungswiderstand genannt).

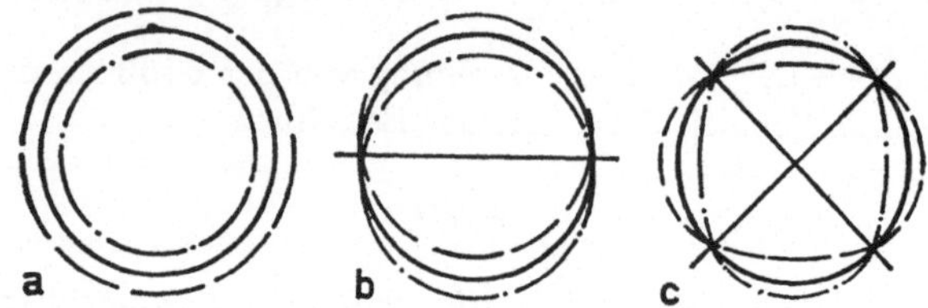


Bild 5.3  Einfache Schwingungsformen eines Kugelstrahlers.
a) Nullte Ordnung, pulsierende Kugel;  b) erste Ordnung, oszillierende Kugel;  c) zweite Ordnung.

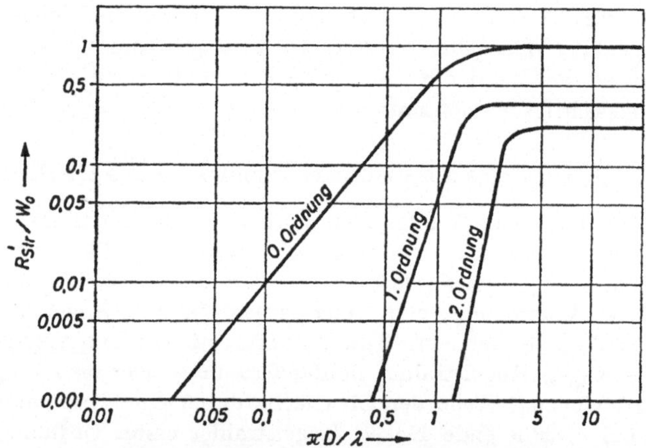


Bild 5.4  Schallstrahlungsimpedanz von Kugelstrahlern.
$R'_{Str}/W_0$ Realteil der auf die Oberflächeneinheit bezogenen Schallstrahlungsimpedanz, normiert auf die Schallkennimpedanz des Mediums; $D$ Durchmesser des Kugelstrahlers.

Der Wert von $R'_{Str}$ hängt in charakteristischer Weise von dem Verhältnis der Strahlerabmessungen zur Wellenlänge und von der Strahlerordnung ab (Bild 5.4).

Aus dieser Darstellung lassen sich folgende Schlußfolgerungen ableiten: Eine gute Schallabstrahlung erreicht man, wenn man die Abmessungen des Strahlers gleich der Größenordnung der Wellenlänge des abzustrahlenden Schalles wählt und die Strahlerordnung möglichst niedrig hält. Will man dagegen die Abstrahlung von Schall verhindern (z. B. bei Störstrahlern), so muß man die strahlenden Flächen möglichst klein halten und durch Knotenlinien in möglichst viele gegenphasig schwingende Teilflächen aufteilen.

Die üblichen, praktisch eingesetzten Lautsprechersysteme sind keine Kugelstrahler, sondern ähneln in ihrer Wirkung einer Kolbenmembran. Die Theorie zeigt jedoch, daß eine weitgehende Übereinstimmung zwischen dem Verlauf der Schallstrahlungsimpedanz eines Kugel-

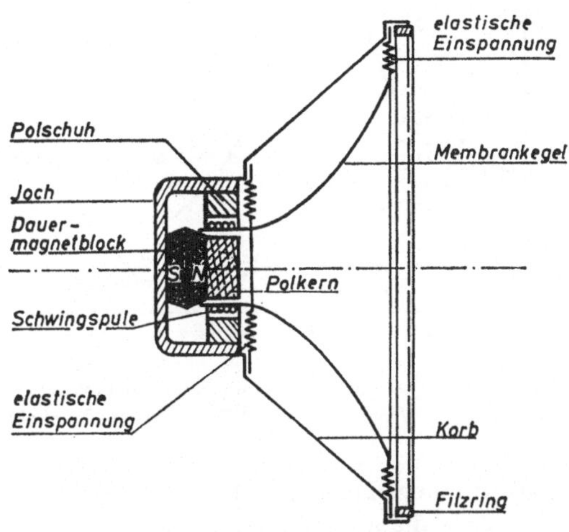


Bild 5.5  Beispiel für den konstruktiven Aufbau eines Lautsprechers nach dem elektrodynamischen Wandlerprinzip.

strahlers erster Ordnung (oszillierende Kugel) und dem einer oszillierenden Kolbenmembran besteht. Wir können deshalb auch für die Kolbenmembran angeben, daß unterhalb einer Grenzfrequenz die Schallstrahlungsimpedanz abfällt. Man erklärt diesen Effekt anschaulich als Ausgleich des Unterdrucks auf der einen Seite der Membran mit dem Überdruck auf der anderen Seite (akustischer Kurzschluß).

Der Gefahr des akustischen Kurzschlusses einer schwingenden Membran kann man durch den Einbau des Lautsprechers in eine Schallwand (Gehäuse) begegnen. Die Schallstrahlungsimpedanz nähert sich damit mehr dem eines Strahlers nullter Ordnung, erreicht aber bei üblichen Membranabmessungen ihren Höchstwert erst bei Frequenzen, deren Größenordnung bei einigen hundert Hz liegt. Diese Frequenzabhängigkeit (oder besser Wellenlängenabhängigkeit) der Schallstrahlungsimpedanz kann bis zu einem gewissen Grade durch eine geeignete Wahl der Resonanzfrequenz der Lautsprechermembran aufgehoben werden.

In erster Näherung kann die Membran beispielsweise eines elektrodynamischen Lautsprechers (Bild 5.5) als eine federnd aufgehängte

Masse angesehen werden. Ein schwingungsfähiges System mit einem Freiheitsgrad kann bekanntlich je nach Einstellung der Schwingungsdämpfung unterschiedliche Resonanzkurven haben (Bild 5.6).

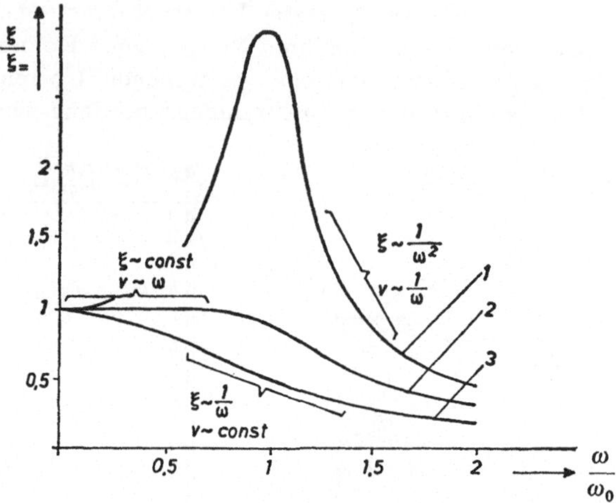


Bild 5.6  Resonanzkurven eines einfachen Schwingers bei verschiedener Dämpfung.
*1* schwach gedämpft,  *2* etwas mehr als aperiodisch gedämpft,  *3* stark gedämpft.

Da die Schallstrahlungsimpedanz bei tiefen Frequenzen ($\lambda > \pi D$) mit $\omega^2$ ansteigt, würde die abgestrahlte Leistung frequenzunabhängig werden, wenn bei konstant antreibender Kraft das Quadrat der Schnelle dem Quadrat der Frequenz umgekehrt proportional wäre. Einen solchen Abfall der Schnelle zeigt ein schwach gedämpfter Schwinger oberhalb der Resonanzfrequenz; denn hier gilt angenähert $v \sim 1/\omega$. Daraus folgt für Lautsprecher die Forderung, die Eigenresonanz der Membranen unterhalb des zu übertragenden Frequenzbereiches zu wählen und sie wenig zu dämpfen (Tiefabstimmung, schwache Dämpfung). Eine zu geringe Dämpfung führt allerdings zu einem ungünstigen Einschwingverhalten („Bumsen"), so daß in der Praxis ein Kompromiß zwischen den Forderungen nach günstigem Frequenzgang der abgestrahlten Leistung und günstigem zeitlichem Verhalten der Membran gesucht werden muß.

Beim Betrieb elektroakustischer Wandler als Schallempfänger sind zwei Probleme besonders wichtig:

1. Sind die Membranabmessungen groß im Verhältnis zur Wellenlänge des Schallfeldes, so wird die auf die Membran wirkende Kraft infolge von Interferenzen abhängig von der Orientierung der Membran zur Fortpflanzungsrichtung der Schallwellen. Will man dies vermeiden, müssen die Membranabmessungen klein gegenüber den vorkommenden Wellenlängen gehalten werden.

2. Wenn die Membranabmessungen genügend klein gegenüber den Wellenlängen des Schallfeldes sind, um eine Richtungsabhängigkeit auf Grund von Interferenzerscheinungen zu vermeiden, können sich Schallempfänger hinsichtlich ihrer Richtcharakteristik dadurch unterscheiden, daß die Kraft auf das bewegliche Organ des Wandlers sowohl von dem Schalldruck selbst (Skalar) als auch von dessen räumlichen Gradienten (Vektor) herrühren kann. Der erste Fall liegt beispielsweise vor, wenn eine Membran nur von einer Seite von dem Schallfeld beaufschlagt werden kann. Man spricht dann von einem *Druckempfänger* mit kugelförmiger Richtcharakteristik (Kugelcharakteristik). In dem zweiten Fall werden entweder zwei einseitig beaufschlagte Membranen in einem

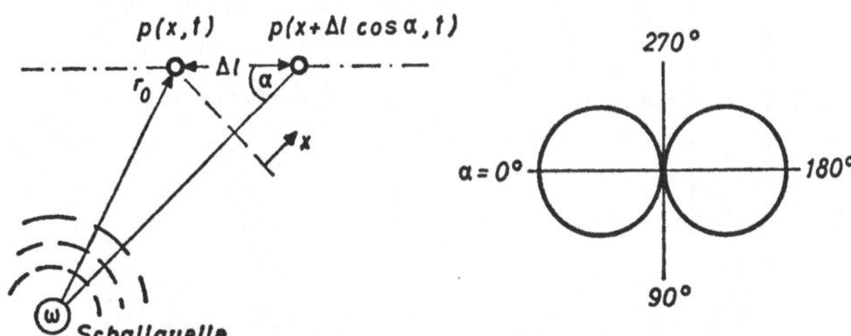


Bild 5.7 Frequenz- und Richtungsverhalten eines Druckgradientenempfängers.
Ebene Welle, wenn $r_0 \gg \Delta l$: $p(x,t) = \hat{p} \cdot \cos[\omega(t - x/c)]$.
Druckdifferenz: $\Delta p(x,t) = p(x + \Delta l \cdot \cos\alpha, t) - p(x,t)$.
Mit $\lambda \gg \Delta l$: $\Delta p(x,t) = \partial p(x,t)/\partial x \cdot \Delta l \cdot \cos\alpha$.
$\Delta p(x,t) = \hat{p} \cdot \omega/c \cdot \Delta l \cdot \cos\alpha \cdot \sin[\omega(t - x/c)]$.

Abstand $\Delta l$ oder eine über einen Umweg von der Länge $\Delta l$ auf beiden Seiten beaufschlagte Membran so angeordnet, daß die Kraft auf das bewegliche Organ des Wandlers der Differenz der Schalldrücke an den um $\Delta l$ voneinander entfernten Aufpunkten entspricht. Diese Differenz ist sowohl von der Frequenz als auch von der Einfallsrichtung der Schallwelle abhängig (Bild 5.7). Man nennt solche Systeme *Druckgradientenempfänger* mit einer Richtcharakteristik in Form einer Acht (Achtercharakteristik). Mit Kombinationen von Druck- und Druckgradientenempfängern lassen sich auch andere Richtcharakteristiken erzielen (z. B. Nierencharakteristik).

Sieht man von der Richtungsabhängigkeit ab, unterscheiden sich Druckempfänger von Druckgradientenempfängern dadurch, daß bei frequenzunabhängiger Druckamplitude die Kraftamplitude auf das bewegliche Organ des Wandlers im ersteren Fall ebenfalls frequenzunabhängig ist, im zweiten Fall aber proportional mit der Frequenz anwächst. Bei der Behandlung der akustischen Wandler als Schallempfänger auf Seite 44 war festgestellt worden, daß die elektrische Ausgangsgröße entweder der Auslenkung oder der Schnelle des beweglichen Organs proportional ist (Elongationswandler bzw. Schnellewandler). Da man beide Systeme sowohl als Druckempfänger als auch als Druckgradientenempfänger dem Schallfeld aussetzen kann, ergeben sich bestimmte Regeln für die Abstimmung und Dämpfung der mechanischen Systeme, wenn man in einem breiten Frequenzband eine frequenzunabhängige Umwandlung von Schallschwingungen in elektrische Schwingungen erreichen will (Bild 5.8).

Bei der Konstruktion und Entwicklung elektroakustischer Wandler spielt also die Frage der Abstimmung und der Dämpfung der schwingungsfähigen mechanischen Systeme eine entscheidende Rolle.

|  | *Schnellewandler* | *Elongationswandler* |
|---|---|---|
| *Druckempfänger* | *Mittenabstimmung, starke Dämpfung* | *Hochabstimmung, aperiodische Dämpfung* |
| *Druckgradientenempfänger* | *Tiefabstimmung, aperiodische Dämpfung* | *Mittenabstimmung, starke Dämpfung* |

Bild 5.8 Abstimmung und Dämpfung verschiedener Mikrophone.

## d) Die Lautstärke

Bei Nachrichtenübertragungssystemen, die Nachrichten an Menschen übermitteln sollen, tritt am Ende der Übertragungskette die Aufgabe auf, das technische Nachrichtensystem an den Menschen als Nachrichtensenke anzupassen. Die von dem technischen Nachrichtenempfangsgerät weitergegebenen Signale müssen dann so beschaffen sein, daß sie von den Sinnesorganen des Menschen aufgenommen werden können und bei ihm ganz spezielle, gewünschte Wahrnehmungen zur Folge haben.

Der in der Nachrichtentechnik tätige Ingenieur muß sich in diesem Zusammenhang mit der Frage beschäftigen, welche Beziehungen zwischen den auf einen Menschen einwirkenden Signalen (Reizen) und dem Wahrgenommenen besteht, das auf diese Signale folgt. Beziehungen dieser Art werden durch psychophysiologische Funktionen beschrieben.

Die experimentelle Bestimmung solcher psychophysiologischen Funktionen unterscheidet sich aus zwei Gründen von physikalischen Meßverfahren:

1. Das Wahrgenommene einer Versuchsperson ist für den Experimentator nicht direkt, sondern nur über die Beschreibung durch die Versuchsperson zugänglich.

2. Das Wahrgenommene verschiedener Versuchspersonen weicht auch unter völlig gleichen Versuchsbedingungen mehr oder weniger voneinander ab.

Psychophysiologische Funktionen können also nur indirekt und nur auf Grund der Untersuchung einer genügenden Zahl von verschiedenen Versuchspersonen gewonnen werden.

Als Beispiel einer psychophysiologischen Funktion soll hier die im Bereich der Elektroakustik wichtige Beziehung zwischen Schalldruck und Lautstärke kurz behandelt werden. Bei einem normalhörenden Menschen treten in der Regel dann Hörempfindungen auf, wenn Schall im Frequenzbereich von etwa 16 Hz···16 kHz und in einem Amplitudenbereich von etwa $2 \cdot 10^{-5}$ N/m$^2$ (Hörschwelle) bis 20 N/m$^2$ (Schmerzschwelle) auf das Gehörorgan trifft. Nun ist die Stärke der Hörempfindung (Wahrgenommenes) eine Funktion sowohl der Amplitude als auch der Frequenz des Schalles (Reiz). Um überhaupt den großen Amplitudenbereich von $1:1\,000\,000$ überstreichen zu können, gilt für das Gehör (wie für die anderen Sinnesorgane auch), daß — wenigstens in erster Näherung — gleichen relativen Änderungen des Reizes gleiche absolute Änderungen der Stärke des Wahrgenommenen entsprechen. Wenn dieses Gesetz auch nicht streng gilt, so hat es sich doch als sehr zweckmäßig erwiesen, Schalldrücke nicht in einem linearen Maßstab, sondern in einem logarithmischen Vergleichsmaßstab anzugeben. Da dimensionsbehaftete Größen nicht logarithmiert werden können, müssen sie auf eine zweckmäßig vereinbarte Größe gleicher Dimension bezogen werden. Für die Akustik wurde dafür ein Schalldruck von $2 \cdot 10^{-5}$ N/m$^2$ $= 2 \cdot 10^{-4}$ μbar gewählt, der etwa der Hörschwelle bei 1 000 Hz entspricht. Bezieht man — unabhängig von der Frequenz des Schallereignisses — einen Schalldruck $p_1$ auf diesen Bezugsschalldruck $p_0$, und zwar in dem im Anhang A 1 erläuterten logarithmischen Vergleichsmaßstab, so erhält man den (frequenzunabhängigen) Schalldruckpegel

$$L = 20 \log (p_1/p_0) \text{ in Dezibel (dB)} .$$

Versteht man nun unter dem Begriff „Lautstärke" die Stärke des bei dem Empfang von Schallwellen Wahrgenommenen, genügt die Angabe des Schalldruckpegels allein noch nicht, da die Stärke der Hörempfindung auch von der Frequenz abhängt. Eine quantitative Aussage kann man dadurch gewinnen, daß man — unter vorgeschriebenen Abhörbedingungen — den Schalldruck eines reinen Tones mit der Frequenz 1 000 Hz ermittelt, bei dem die Versuchsperson eine gleich laute Hörempfindung hat wie bei Darbietung des zu vergleichenden Schallereignisses anderer Frequenz.

Die Entscheidung, daß zwei Hörempfindungen gleich laut sind, kann von einer Versuchsperson relativ leicht getroffen werden, wenn das zu vergleichende Schallereignis ebenfalls ein reiner Ton ist. Auf Grund solcher Vergleiche, die von mehreren hundert Versuchspersonen im

Alter von 18 bis 25 Jahren durchgeführt wurden, hat man die in Bild 5.9 wiedergegebenen „Kurven gleicher Lautstärke" ermittelt.

Der Zahlenwert des Schalldruckpegels eines 1 000-Hz-Tones, dessen zugeordnete Hörempfindung gleich laut wie die des zu vergleichenden Schallereignisses empfunden wird, wird mit der Bezeichnung „Phon" versehen und als Maß für die Lautstärke verwendet[1]. Obwohl die

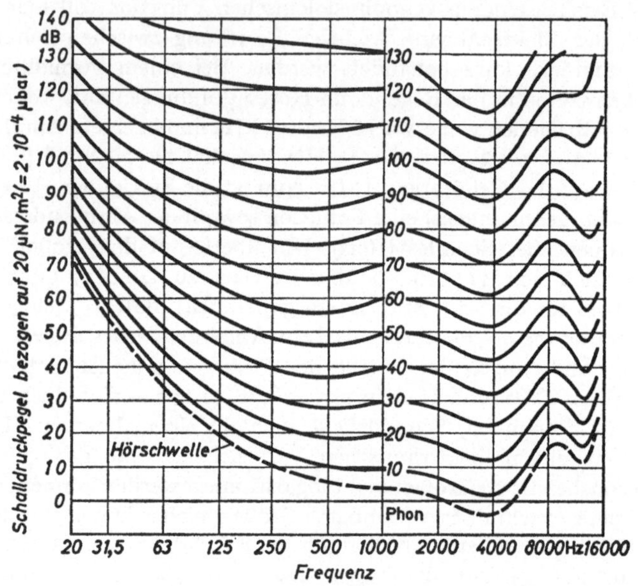


Bild 5.9  Kurven gleicher Lautstärke und Hörschwelle für Sinustöne im freien Schallfeld bei zweiohrigem Hören und frontalem Schalleinfall.

Kurven gleicher Lautstärke nur für reine Töne und nicht ohne weiteres für Klänge, Geräusche und impulsartige Schallereignisse[2] gelten, beschreiben sie doch eine so wichtige Eigenschaft des menschlichen Gehörs, daß sie in der hier vorgelegten Form international als Norm-

---

[1] Es sei hier darauf hingewiesen, daß das Phon keine Einheit im Sinne einer aus einer Menge gleichartiger Größen ausgewählten und festgelegten Vergleichsgröße ist. So ist zum Beispiel eine Lautstärkeerhöhung von 10 Phon auf 11 Phon nicht gleich einer Lautstärkeerhöhung von 80 Phon auf 81 Phon.

[2] Nach DIN 1320 sind u. a. folgende Benennungen in der Akustik vereinbart:

*Ton:* Schall mit sinusförmigem Schwingungsverlauf und mit einer im Hörbereich liegenden Frequenz.

*Klang (harmonischer):* Aus harmonischen Teiltönen zusammengesetzter Schall.

*Geräusch:* Tongemisch, das sich aus sehr vielen Einzeltönen zusammensetzt, deren Frequenzdifferenzen überwiegend kleiner sind als die Frequenz des tiefsten hörbaren Tones (16 Hz).

kurven festgelegt wurden, um sie quantitativen Berechnungen zugrunde legen zu können. Dabei muß man allerdings stets daran denken, daß diese genormten Kurven zwar ein großes Kollektiv von Hörern hinsichtlich einer bestimmten Eigenschaft zusammenfassend beschreiben, keineswegs aber für ein Einzelindividuum gültig zu sein brauchen.

# 6. Fernwirktechnik

Unter dem Begriff der Fernwirktechnik faßt man Übertragungsverfahren zusammen, die Meßwerte oder Steuerbefehle übertragen sollen. Im folgenden sollen an Beispielen aus dem Bereich der Fernmessung, der Fernsteuerung und der selbsttätigen Gefahrenanzeige einige charakteristische Aufgabenstellungen dieses speziellen Bereiches der Fernmeldetechnik erläutert werden.

## a) Fernmessung

Den grundsätzlichen Aufbau eines Übertragungssystems für Meßwerte zeigt Bild 6.1.

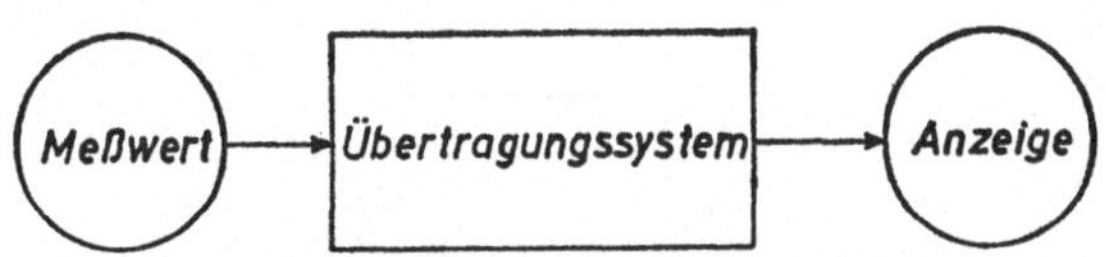


Bild 6.1  Prinzip einer Meßwertübertragung.
Meßwert: z. B. Länge, Volumen, Gewicht, Kraft, Druck, Drehmoment, Drehzahl, Temperatur, Spannung, Strom, Leistung, Arbeit.
Übertragungssystem: z. B. galvanisch durchgeschaltete Leitungen, Trägerstromübertragungen über Fernmelde- oder Hochspannungsleitungen, drahtlose Übertragung.
Anzeige: z. B. direkte Anzeige, laufende Registrierung (bessere Erkennbarkeit der Tendenz bei langsamer Änderung des Meßwertes).

Sofern die zu messende Größe nicht selbst elektrischer oder magnetischer Natur ist, muß auf der Sendeseite des Übertragungssystems der Meßwert in ein elektrisches Signal umgewandelt werden.

Beispiele sind:

a) Abtastung der Zeigerstellung mit rotierendem Fühler. Bei konstanter Winkelgeschwindigkeit ist der zeitliche Abstand zwischen der Abtastung des Skalenanfangs und der augenblicklichen Zeigerstellung dem jeweiligen Meßwert proportional.

b) Winkelabhängige Einstellung elektrischer Bauelemente (Potentiometer, Variometer oder Drehkondensator).

c) Formabhängige Veränderung von Widerständen (Dehnungsmeßstreifen).

d) Beeinflussung elektrischer oder magnetischer Stoffeigenschaften (Leitfähigkeit, Dielektrizitätszahl, Permeabilität) durch nichtelektrische Größen (z. B. Druck, Temperatur, Licht).

e) Mechanisch-elektrische Wandler, und zwar entweder rotierend (Tachodynamo) oder oszillierend (Elektroakustische Wandler, siehe Seite 42).

f) Thermisch-elektrische Wandler (Thermoelement).

g) Lichtelektrische Wandler (Photozelle).

In manchen Fällen kann es notwendig werden, das einen Meßwert repräsentierende elektrische Signal zu verstärken. Hier treten besondere Probleme auf, wenn sich der Meßwert nur sehr langsam ändert, der Ver-

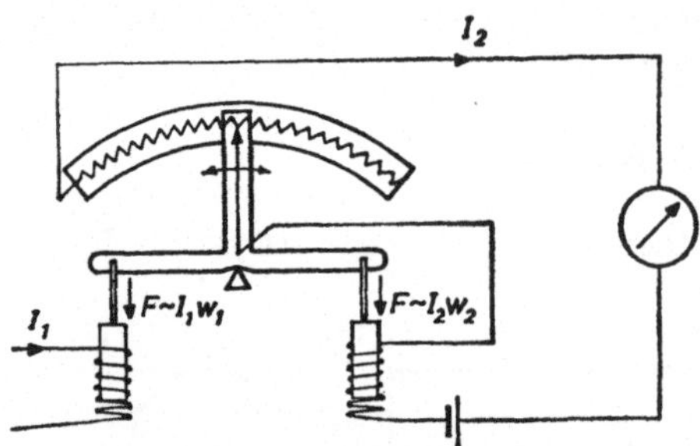


Bild 6.2 Prinzip eines selbsttätig abgleichenden Stromkompensators als Meßwertverstärker.

stärker also auch für Gleichstrom oder Gleichspannung über lange Zeit konstante Eigenschaften haben muß. Bild 6.2 zeigt eine stark vereinfachte Prinzipdarstellung eines *Meßwertverstärkers*, der als selbstabgleichender Kompensator aufgebaut ist. Die hier dargestellte Anordnung ist im Gleichgewicht, wenn die Durchflutung, d. h. also das Produkt aus Strom und Windungszahl, in beiden Spulen gleich groß ist. Bei geeigneter Wahl der Windungszahlen wird der Strom durch das Anzeigegerät $I_2$ wesentlich größer als der die Meßgröße repräsentierende Strom $I_1$. Bei geeignetem Aufbau (z. B. Drehspulsystem an Stelle der einfachen Tauchanker) kann man ferner erreichen, daß beide Ströme in weiten Bereichen einander streng proportional sind.

Bei der *Übertragung von Meßwerten* über größere Entfernungen treten insofern andere Probleme auf als bei der Telegraphie und Telephonie, als sich die Meßwerte im allgemeinen zwar nur langsam mit der Zeit ändern, ihre Übertragung aber nur dann sinnvoll ist, wenn der absolute Betrag des Meßwertes durch die Eigenschaften des Übertragungssystems, insbesondere durch Dämpfung oder Phasendrehung, nicht verfälscht wird. Die Schlußfolgerungen, die hieraus für die Auswahl der Übertragungsverfahren zu ziehen sind, sollen an einigen einfachen Beispielen erläutert werden:

a) Gleichstromübertragung von Meßwerten: Um den Einfluß des Leitungswiderstandes und der Spannung der Hilfsstromquelle zu eliminieren, kann man ein Quotientenverfahren benutzen (Bild 6.3). Der Meßwert, der am Sendeort als winkelabhängige Stellung eines Potentiometers zur Verfügung steht, wird am Empfangsort in einem Kreuzspulinstrument zur Anzeige gebracht, dessen Ausschlag dem Verhältnis der Ströme proportional ist und nicht deren absoluter Größe. Nachteil des Verfahrens ist, daß drei galvanisch durchgeschaltete Leitungsadern zur Verfügung stehen müssen.

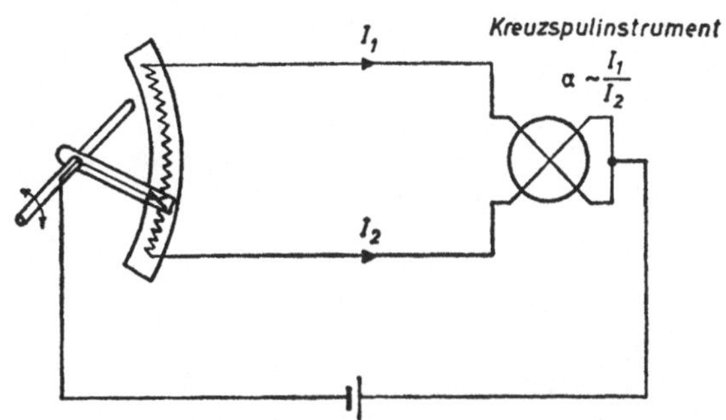


Bild 6.3 Prinzip einer Meßwertübertragung nach dem Quotientenverfahren.

b) Wechselstromübertragung von Meßwerten: Ein sinusförmiger Wechselstrom wird durch seine Amplitude, seine Frequenz und seine Phasenlage gegenüber einem Bezugssystem beschrieben. Jede dieser drei Größen läßt sich durch ein Signal, also auch durch einen Meßwert, steuern. Da aber die Amplitude eines Wechselstromes infolge der Dämpfung entlang einer Übertragungsstrecke abnimmt und sich die Phase bei wellenförmiger Fortpflanzung von Ort zu Ort ändert, kommt für die Übertragung von Meßwerten praktisch nur die Steuerung der Frequenz (Frequenzmodulation) in Frage; sie ist die einzige Kenngröße eines Wechselstromes, die durch das Übertragungssystem nicht beeinflußt wird, sofern nicht im Zuge der Übertragung Frequenzumsetzungen (siehe Seite 73) vorgenommen werden. Bei der praktischen Ausführung einer Meßwertübertragung nach diesem Frequenzvariationsverfahren steuert die Meßgröße am Sendeort die frequenzbestimmende Induktivität oder Kapazität des Schwingkreises eines selbsterregten Oszillators so, daß die Frequenz der Oszillatorschwingung dem Meßwert proportional ist. Die Oszillatorschwingung wird, gegebenenfalls nach Verstärkung, zu dem Empfangsort übertragen. Dort wird ihre Frequenz gemessen und zur Anzeige gebracht.

c) Übertragung von Meßwerten mit Pulsfolgen: Da die Amplitude eines Impulses während seiner Übertragung infolge der Dämpfung ver-

ringert und die Form eines Impulses infolge der Frequenzabhängigkeit
der Dämpfung und Phasenlaufzeit verzerrt werden kann, eignet sich
für die Übertragung von Meßwerten nur die Zahl der Impulse je Zeiteinheit (Pulsfrequenz). Ein stark vereinfachtes Prinzipschema zeigt
Bild 6.4. Auf der Sendeseite wird die Meßgröße mit Hilfe eines Meß-
motors in eine proportionale Drehzahl umgewandelt. Durch eine
Nockenscheibe wird bei jeder Umdrehung einmal kurzzeitig ein Kontakt geschlossen und ein Impuls über die Leitung gesendet. Auf der
Empfangsseite wird der Umschaltkontakt eines Empfangsrelais $E$ bei
jedem eintreffenden Impuls kurzzeitig umgelegt. Während der Pause
zwischen zwei Impulsen (Ruhelage von $e$) lädt die Batterie $U$ einen

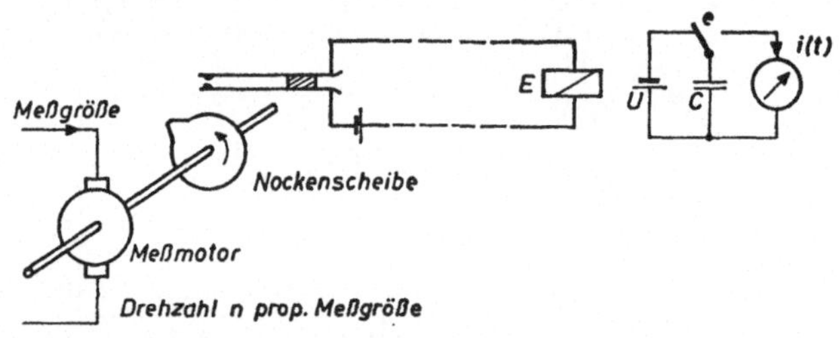


Bild 6.4  Prinzip einer Meßwertübertragung mit Pulsfrequenzmodulation (Impulsfrequenzverfahren )
$$i(t) = \mathrm{d}q/\mathrm{d}t, \quad \bar{\imath} \sim nQ.$$

Kondensator $C$ auf, während der Dauer eines Impulses (Arbeitslage von
$e$) entlädt sich dieser Kondensator über ein Gleichstrommeßgerät. Wenn
Lade- und Entladezeitkonstante kurz gegenüber der Impulsdauer und
den Impulspausen sind, fließt durch das Meßgerät ein Strom
$i(t) = \mathrm{d}q/\mathrm{d}t$, dessen zeitlicher Mittelwert $\bar{\imath}$ der Pulsfrequenz proportional ist. Die Trägheit des Zeigers sorgt dafür, daß nur der zeitliche
Mittelwert, nicht die einzelnen Kondensatorentladungen angezeigt
werden.

   d) Übertragung von quantisierten Meßwerten mit dem Code-Verfahren: Unterteilt man den gesamten Bereich, den ein Meßwert überstreichen kann, in eine endliche Zahl diskreter Stufen und ordnet jeder
dieser Stufen einen Zahlenwert zu (Quantisierung, Analog-Digital-
Umwandlung), dann genügt es, in geeigneten Zeitabständen zu prüfen,
innerhalb welcher Stufe sich der Meßwert gerade befindet, und den
dieser Stufe zugeordneten Zahlenwert zu übertragen. Für die Übertragung des Zahlenwertes benutzt man zweckmäßigerweise ein Code-
Verfahren, wie es in dem Kapitel über Telegraphie beschrieben wurde
(siehe Seite 6).
   In der Betriebsmeßtechnik wird eine Fehlergrenze der Meßgeräte in
der Größenordnung von 1% des Skalenendwertes verlangt. Daraus
folgt, daß der ganze Skalenbereich eines solchen Meßgerätes in nicht

mehr als 100 diskrete Stufen unterteilt zu werden braucht, wenn der Zahlenwert der einzelnen Stufen noch eine relevante Aussage machen soll. Um mit einem einfachen Binärcode, wie ihn beispielsweise die Fernschreibmaschine benutzt, 100 verschiedene Zahlenwerte übertragen zu können, werden theoretisch lb 100 = 6,65 Stellen benötigt. Da die Stellenzahl eines Binärcodes, der nur eine einzige Alternative des Code-Elementes kennt, ganzzahlig sein muß, verwendet man für die Meßwertübertragung mit einer Fehlergrenze von 1 % einen siebenstelligen Binärcode, mit dem insgesamt $2^7 = 128$ verschiedene Zahlenwerte übertragen werden können.

Die Quantisierung, Codierung und Decodierung eines solchen Puls-Code-Fernmeßverfahrens wurde ursprünglich mit selbstabgleichenden Brücken mit gestaffelten Zweigwiderständen und mit Relaisschaltungen durchgeführt. Heute werden überwiegend rein elektronische Schaltkreise verwendet. Am Empfangsort kann der Meßwert nach der Decodierung entweder als Zahlenwert oder nach einer weiteren Umwandlung durch einen dem Zahlenwert proportionalen Zeigerausschlag angezeigt werden.

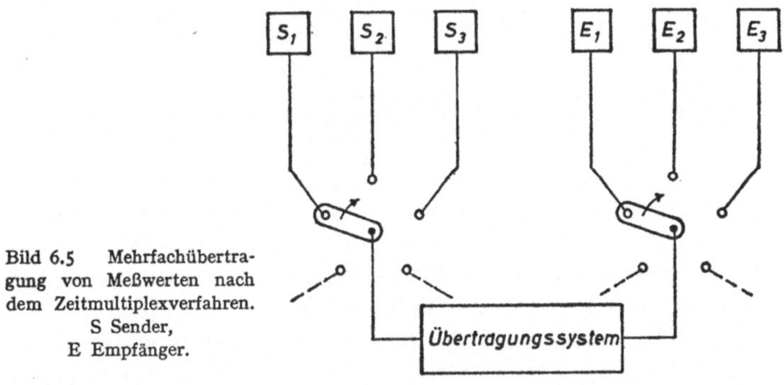


Bild 6.5   Mehrfachübertragung von Meßwerten nach dem Zeitmultiplexverfahren. S Sender, E Empfänger.

## b) Mehrfachübertragung von Meßwerten

In vielen Fällen ändern sich Meßwerte nur relativ langsam (langsam bezogen auf die Zeit, die zu ihrer Übertragung und Anzeige notwendig ist). Dann ist es nicht notwendig, sie ständig zu übertragen, es genügt vielmehr, sie in Zeitabständen abzufragen, die kurz genug sind, um jede wesentliche Änderung erkennen zu können. In den so entstehenden Pausen kann das Übertragungssystem für andere Nachrichten, beispielsweise für andere Meßwerte, zur Verfügung gestellt werden (Zeitmultiplex, Bild 6.5). Bei gleichförmiger Drehbewegung der Verteiler ist phasenrichtiger Synchronismus notwendig, bei schrittweiser Fortschaltung genügt Übereinstimmung der Ausgangsstellung.

## c) Fernsteuerung

Aus dem Aufgabenbereich der Fernsteuerung sollen hier zwei Teilprobleme behandelt werden, die trotz des Unterschiedes in der Anwendung ihre Verwandtschaft mit anderen Teilgebieten der Fernmeldetechnik deutlich werden lassen.

Das erste Problem tritt bei der Aufgabe auf, über ein- und dasselbe Übertragungssystem verschiedene Befehlsempfänger so ansteuern zu können, daß eine möglichst große Sicherheit gegen Fehlsteuerungen gegeben ist. Solch eine Aufgabenstellung kann beispielsweise bei der Fernsteuerung eines unbemannten Kraftwerkes über eine einzige Leitung vorliegen. Grundsätzlich könnte diese Aufgabe so gelöst werden,

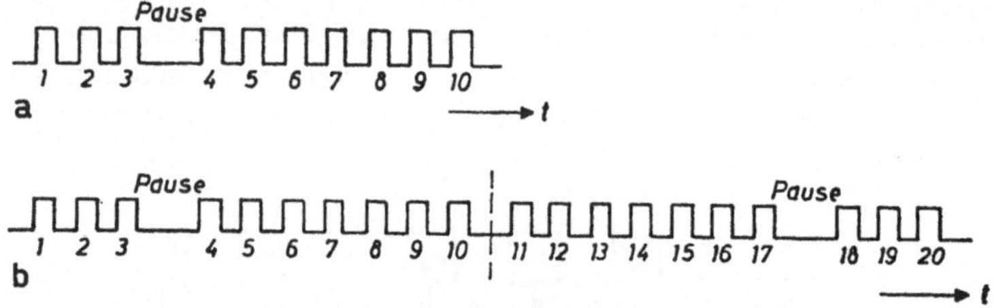


Bild 6.6 Beispiele für Fernsteuerbefehle mit erhöhter Sicherheit.
a) Mit Ergänzungsimpulsen, b) zusätzlich mit spiegelbildlicher Wiederholung.

daß wie bei der Fernsteuerung der Wähler in einer Vermittlungsstelle eines Fernsprechnetzes durch eine Folge von Stromimpulsen (oder Stromunterbrechungen) ein Wähler auf denjenigen Ausgang gesteuert wird, der zu dem gewünschten Befehlsempfänger (Schütz, Stellmotor usw.) führt. Eine solche einfache Lösung der Aufgabe würde aber die Gefahr in sich bergen, daß durch Störimpulse (oder kurzzeitige Unterbrechungen) des Übertragungssystems der Wähler auf einen falschen Ausgang gesteuert werden kann.

Um diese Gefahr zu verringern, muß man die Wählinformation durch eine zusätzliche Information ergänzen, die eine Fehlererkennung ermöglicht. Ein einfaches Beispiel zeigt Bild 6.6a. Die Impulsfolge besteht grundsätzlich aus einer konstanten Zahl von Impulsen, beispielsweise 10. Der Wähler wird schrittweise weitergeschaltet, bis (im Beispiel nach dem 3. Impuls) eine Pause eintritt. Bevor der Wähler über den Ausgang 3 zu dem Befehlsempfänger durchgeschaltet werden darf, wird geprüft, ob innerhalb der Impulsserie insgesamt 10 Impulse eingetroffen sind. Ist die Zahl der Impulse größer oder kleiner als 10, läßt dies auf einen Störimpuls oder auf eine kurzzeitige Unterbrechung schließen; der Wähler wird in die Ausgangsstellung zurückgeführt und der Sender zur Wiederholung der Wählinformation aufgefordert.

Eine noch größere Sicherheit bietet das Spiegelbildverfahren nach Bild 6.6b. Hier wird nach dem Stillsetzen des Wählers nicht nur die Gesamtzahl der Impulse geprüft, sondern auch, ob in einer anschließenden zweiten Impulsserie die Pause spiegelbildlich zur ersten Impulsserie liegt. Nur wenn beide Prüfungen positiv ausgefallen sind, wird auf den Befehlsempfänger durchgeschaltet.

Das zweite Problem betrifft ebenfalls die Aufgabe, über ein gemeinsames Übertragungssystem eine Vielzahl von unterschiedlichen Befehlsempfängern, diesmal aber mit einem möglichst geringen technischen

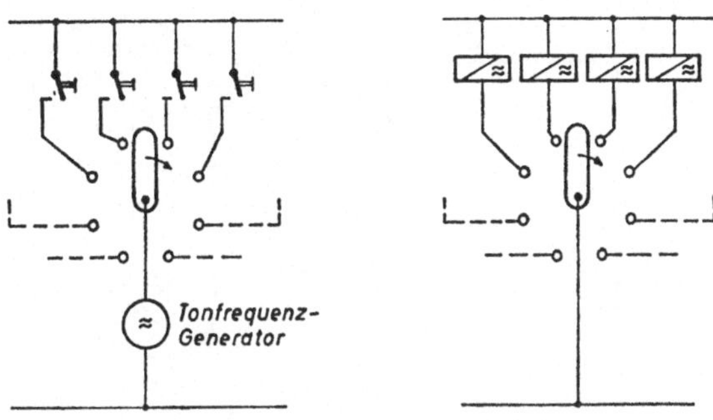



Bild 6.7  Prinzip einer Zentralsteueranlage.

Aufwand, erreichen zu können. Diese Aufgabe kann beispielsweise in Niederspannungsversorgungsnetzen vorliegen, in denen Straßenbeleuchtungen ein- und ausgeschaltet, Mehrtarifzähler umgeschaltet oder Speicherheizungen zu bestimmten Zeitpunkten zu- oder abgeschaltet werden sollen.

Als Befehlssignal bietet sich hier ein tonfrequenter Impuls an, der der niederfrequenten Versorgungsspannung überlagert werden kann. Will man mit einem einzigen Tonfrequenzgenerator auskommen, müssen die Befehlsempfänger (Tonfrequenzrelais) über umlaufende Verteiler angesteuert werden (Bild 6.7). Um sicherzustellen, daß die Verteiler am Sendeort und Empfangsort in ihrer jeweiligen Stellung übereinstimmen, treibt man sie unter Zwischenschaltung eines Untersetzungsgetriebes mit Hilfe kleiner Synchronmotoren an, die aus dem gemeinsamen Versorgungsnetz gespeist werden, und wendet das Start-Stop-Verfahren der Fernschreibmaschine (Seite 14) an, um sicherzustellen, daß die Ausgangsposition eindeutig fixiert ist. Ein Startsignal läßt jeweils alle Verteiler gleichzeitig anlaufen, das Steuersignal erfolgt in dem Zeitpunkt, in dem die Verteiler den Kontakt der gewünschten Empfangsrelais überstreichen. Am Ende des Umlaufes werden alle Verteiler selbsttätig stillgesetzt.

## d) Selbsttätige Gefahrenmeldeanlagen

Eine besondere Gruppe von Fernmeldesystemen dient der Sicherung von Betriebsanlagen und von Gut und Leben. In diese Gruppe fallen unter anderem die selbsttätigen Gefahrenmeldeanlagen, von denen im folgenden die selbsttätigen Brandmelder und die selbsttätigen Einbruch- und Diebstahlmelder als Beispiel kurz behandelt werden sollen. Das Funktionsschema zeigt Bild 6.8.

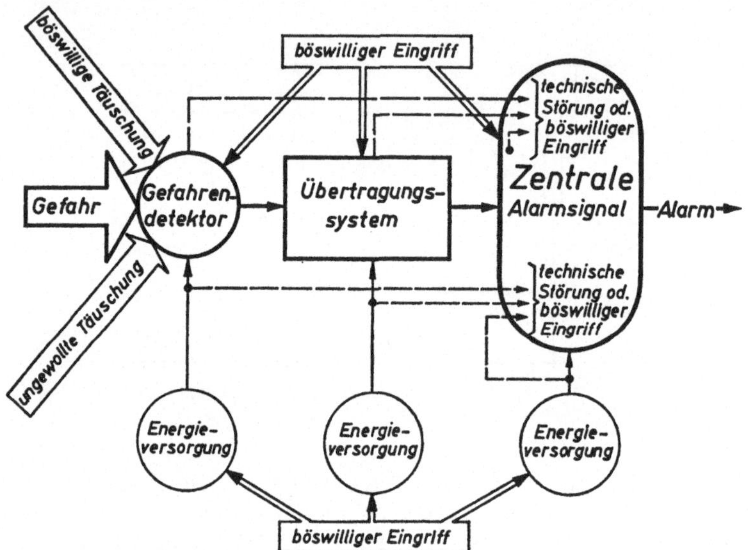


Bild 6.8  Prinzip einer selbsttätigen Gefahrenmeldeanlage.

Ein Branddetektor soll das Entstehen eines Schadenfeuers möglichst frühzeitig erkennen und melden. Ein Verbrennungsvorgang ist mit Wärmeabgabe und Rauchentwicklung verbunden. Branddetektoren können die Lufttemperatur, die Wärmestrahlung oder — mit Hilfe optischer oder elektrischer Methoden — die Konzentration von Rauchpartikeln in Luft überwachen. Überschreiten diese Kenngrößen einen bestimmten Schwellenwert, dann sendet der Branddetektor ein Alarmsignal aus.

Ein Einbruch- und Diebstahldetektor kann der Objektüberwachung (unbefugtes Entfernen eines Gegenstandes), der Schrankenüberwachung (unbefugtes Durchbrechen einer materiellen oder nichtmateriellen Schranke) oder der Raumüberwachung (unbefugter Aufenthalt in einem Raum) dienen. Zur Lösung dieser Aufgabe bieten sich an: die direkte oder indirekte Betätigung von Kontakten, die Änderung von Widerständen, die induktive oder kapazitive Beeinflussung von Stromkreisen, die Auftrennung von Drähten oder Drahtnetzen, die Unterbrechung von Licht- oder Schallstrahlen, die Beeinflussung raumerfüllender physikalischer Größen wie elektrische oder magnetische Felder, Schallfelder, Luftdruck usw.

Das spezielle Problem dieser Systeme liegt in der Erfüllung von drei Aufgaben, die zum Teil mit den gleichen technischen Lösungen erfüllt werden, zum Teil aber auch sich widersprechende Forderungen stellen:

1. Die Detektoren sollen gegenüber der Kenngröße, die sie überwachen, möglichst empfindlich sein, sie sollen aber gleichzeitig unempfindlich gegen ungewollte Täuschungen durch ähnliche, mit einem Schadensfall nicht verbundene Effekte sein (Sicherheit gegen Fehlalarm).

2. Jede technische Störung des gesamten Meldesystems muß sich nach der sicheren Seite hin auswirken, d. h. einen Störalarm auslösen, der anzeigt, daß das Gefahrenmeldesystem seine eigentliche Aufgabe zur Zeit nicht erfüllen kann.

3. Das gesamte Meldesystem soll gegen unbefugte Außerbetriebsetzung sicher sein oder den Versuch einer unbefugten Abschaltung oder Verminderung der Wirksamkeit in Form eines Alarmes anzeigen.

Eine befriedigende Lösung dieser Aufgaben wird unter anderem im Zuge der Automatisierung immer wichtiger; denn die Automatisierung führt zu immer umfangreicheren Anlagen, die von immer weniger Menschen betrieben und damit auch von immer weniger Menschen auf auftretende Gefahren hin überwacht werden können. Damit gewinnen Anlagen zur selbsttätigen Gefahrenanzeige eine steigende Bedeutung.

# 7. Weitverkehrstechnik

## a) Grundsätzliche Aufgabenstellung

Bei der Übertragung von Nachrichten über große Entfernungen unterliegen die eine Nachricht repräsentierenden Signale einer Reihe von Einflüssen, die bei der Projektierung und dem Betrieb von Weitverkehrsanlagen berücksichtigt werden müssen. Es sind dies vor allem die Dämpfung, die linearen und nichtlinearen Verzerrungen, die Störungen und die endliche Fortpflanzungsgeschwindigkeit der Energie, die als Träger der Signale dient.

Unter *Dämpfung* (siehe Seite 119) wird hier ganz allgemein die Abnahme der Signalamplitude entlang des Übertragungsweges verstanden, unabhängig davon, ob diese Abnahme auf die Verluste eines Übertragungssystems, auf die Abnahme der Energiedichte bei allseitiger

Wellenausbreitung oder auf teilweise Reflexion der Energie an Hindernissen oder Stoßstellen zurückzuführen ist.

Wenn die Übertragungseigenschaften (Übertragungsfaktor siehe Seite 105) eines Systems frequenz- und amplitudenabhängig sind, erfahren die Signale *lineare und nichtlineare Verzerrungen* (siehe Seite 107).

Die *Störungen* können ihre Ursache entweder in den Übertragungssystemen selbst haben (z. B. Wärmerauschen der Bauelemente, Störspannungen der Stromversorgung, erschütterungsbedingte Schwankungen von Kontaktwiderständen) oder von außen her in das Übertragungssystem eindringen (z. B. atmosphärische Störungen, Kopplungen mit benachbarten Starkstromanlagen, Kopplungen mit anderen Nachrichtenübertragungssystemen = Nebensprechen).

Die endliche Fortpflanzungsgeschwindigkeit aller energetischen Erscheinungen führt schließlich dazu, daß alle Signale eine endliche *Laufzeit* benötigen, um vom Sender zum Empfänger zu gelangen.

Bei der Planung und Errichtung von Nachrichtenübertragungssystemen muß dafür gesorgt werden, daß die Signale am Empfangsort mit ausreichender Leistung und ohne unzulässige Verzerrungen und Störungen eintreffen. Wenn die Dämpfung des Übertragungssystems

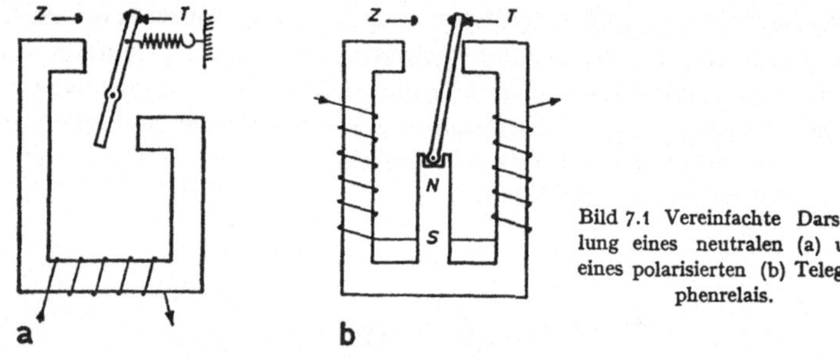



Bild 7.1 Vereinfachte Darstellung eines neutralen (a) und eines polarisierten (b) Telegraphenrelais.

die Signalleistung am Empfangsort unter den für eine ordnungsgemäße Arbeitsweise der Empfangsgeräte geforderten Wert abfallen läßt und die Senderleistung aus physikalischen, technologischen oder wirtschaftlichen Gründen nicht erhöht werden kann, müssen zwischen Sender und Empfänger Verstärker eingeschaltet werden, die die Signalleistung wieder anheben.

Die älteste Form eines Verstärkers ist das Telegraphenrelais, das schon 1837 von WHEATSTONE eingeführt wurde. Im Gegensatz zu dem Fernsprechrelais (siehe Seite 28) begnügt man sich bei den Telegraphenrelais mit einem einzigen Kontakt, der meist als Umschaltkontakt ausgeführt wird. An diesen Kontakt wird aber die Forderung gestellt, daß er innerhalb möglichst kurzer Zeit ohne mechanische Prellerscheinungen öffnen, schließen oder umschalten soll. Dazu muß man die trägen Massen möglichst klein halten; bei Telegraphenrelais werden daher Anker und Kontakt konstruktiv zusammengefaßt.

Die beiden wichtigen Grundformen eines Telegraphenrelais zeigt Bild 7.1 in vereinfachter Darstellung. Bei dem *neutralen* Telegraphenrelais zieht der Anker wegen des quadratischen Kraftgesetzes (siehe Seite 43) unabhängig von der Stromrichtung in der Spule an. Bei dem *polarisierten* Telegraphenrelais ist dagegen die Richtung der magnetischen Kraft auf den Anker abhängig von der Richtung des Stromes in der Spule [Linearisierung des quadratischen Kraftgesetzes durch Vormagnetisierung, beispielsweise mit Hilfe eines Dauermagneten (siehe Seite 23)].

Bei einem polarisierten Telegraphenrelais kann der Anker je nach der Einstellung der Gegenkontakte und der Stärke seiner elastischen Einspannung verschiedene Ruhelagen einnehmen (Bild 7.2). Bei einem

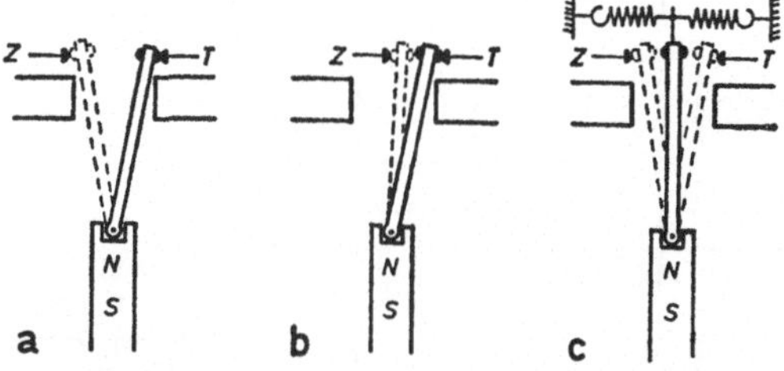

Bild 7.2 Verschiedene Möglichkeiten der Ankerjustierung bei einem polarisierten Telegraphenrelais. a) Beidseitige Ruhelage, b) einseitige Ruhelage, c) Mittelstellung.

Relais mit *beidseitiger Ruhelage* (Bild 7.2a) bleibt der Anker bei stromloser Spule in seiner jeweiligen Stellung liegen. Eine unsymmetrische Anordnung der Gegenkontakte (Bild 7.2b) führt zu einem Relais mit *einseitiger Ruhelage*; bei stromlosen Spulen geht der Anker unabhängig von seiner vorherigen Stellung in diese Lage. Wird der Anker schließlich nicht frei beweglich, sondern elastisch gelagert (Bild 7.2c), erhält man ein *Relais mit Mittelstellung,* dessen beide Kontakte im stromlosen Zustand der Spule offen sind.

In Bild 7.3 ist dargestellt, zu welchen Kontaktstellungen eine bestimmte Signalfolge bei einem neutralen Relais und bei polarisierten Relais mit beidseitiger oder einseitiger Ruhelage oder mit Mittelstellung führt.

Um einen Relaisanker anziehen oder umlegen zu lassen, ist eine bestimmte Durchflutung der Steuerwicklung notwendig. Je größer die Windungszahl der Wicklung ist, desto kleiner kann zwar der Strom sein, desto größer ist aber auch bei gegebenem Wickelraum der Widerstand der Wicklung. Bei konstantem Wickelraum (und konstantem Kupferfüllfaktor) ist daher die Durchflutung der elektrischen Leistung proportional, die der Spule zugeführt wird. Die zum Anziehen oder Umlegen eines Ankers notwendige Spulenleistung (Ansprechleistung) liegt bei guten Telegraphenrelais in der Größenordnung von einigen Milliwatt oder weniger. Die Kontakte vermögen Leistungen von vielen Watt zu schalten. Das Telegraphenrelais kann also als Verstärker für Telegraphensignale benutzt werden.

In Bild 7.4 erkennt man, daß ein als Signalverstärker eingesetztes Telegraphenrelais zugleich die Eigenschaft hat, die durch die Eigenschaften des Übertragungssystems bedingten Verzerrungen des Eingangssignals zu eliminieren. Das verstärkte Ausgangssignal hat wieder die für Telegraphensignale erwünschte rechteckige Form. Da andererseits die Umschlagzeiten eines Relaisankers nicht unendlich klein sein können (endliche Schaltzeiten) und die Anzugsdurchflutung größer ist

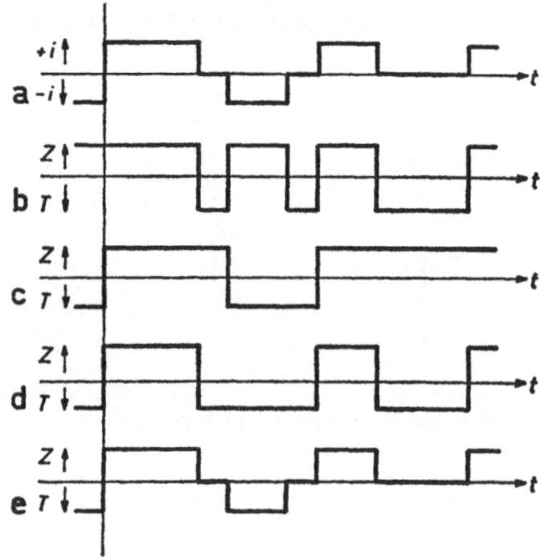


Bild 7.3 Zusammenhang zwischen dem zeitlichen Verlauf des Spulenstromes (a) und den Kontaktstellungen bei einem neutralen Relais (b) und bei einem polarisierten Relais mit beidseitiger Ruhelage (c), einseitiger Ruhelage (d) und Mittelstellung (e).

als die Abfalldurchflutung (Schalthysterese), entspricht das verstärkte Ausgangssignal nicht genau dem zeitlichen Verlauf des Eingangssignals, selbst wenn dieses noch unverzerrt zugeführt würde. Die endlichen Schaltzeiten führen zu einer zeitlichen Verschiebung zwischen Eingangs- und Ausgangssignal; die Schalthysterese kann dazu führen, daß der zeitliche Abstand zwischen den Flanken des Ausgangssignals gegenüber dem Eingangssignal verändert wird (Relaisverzerrung).

Der Einsatz eines Telegraphenrelais als Verstärker beschränkt sich auf Übertragungssysteme, die diskrete Signale mit einer nicht zu hohen Telegraphiergeschwindigkeit verwenden. Es war also weder für die Verstärkung der kontinuierlichen Signale der Telephonie noch für die Verstärkung diskontinuierlicher Signale der Datenübertragung mit hoher Telegraphiergeschwindigkeit geeignet. Erst die Entwicklung der Verstärkertechnik seit der Erfindung der Verstärkerröhren durch LEE DE FOREST und VON LIEBEN (1907) eröffnete der Nachrichtenübertragungstechnik den Weg zur Überbrückung immer größerer Entfernungen mit kontinuierlichen Signalen aller Art und mit diskontinuierlichen Signalen bei hoher Telegraphiergeschwindigkeit. Heute nennt man die mit der Einführung der Verstärkerröhre begonnene neue Technologie Elektronik.

Auf die vielfältigen Einzelheiten der Verstärkertechnik, die auch in vielen anderen Bereichen eine überragende Bedeutung gewonnen hat, kann im Rahmen dieser Einführung nicht eingegangen werden. Für die

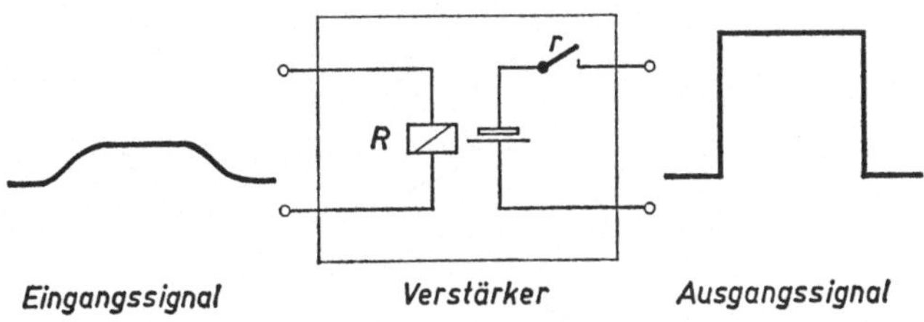

Bild 7.4 Das Telegraphenrelais als Verstärker.

folgenden Darlegungen mag der Hinweis genügen, daß ein Verstärker die Aufgabe hat, Signale in einem vorgegebenen Frequenz- und Amplitudenbereich oder mit vorgegebenem Zeitverhalten zu verstärken. Im Bereich der elektrischen Nachrichtentechnik kann ein Verstärker durch einen aktiven Vierpol beschrieben werden, dessen Ausgangsleistung größer ist als die Eingangsleistung.

Die wichtigsten Formen von Verstärkern sind *signalgesteuerte Widerstände* in Verbindung mit Gleichstromquellen (z. B. Relais, Kohlemikrophon, Röhren- und Transistorverstärker) oder *periodisch veränderliche Energiespeicher* in Verbindung mit Wechselstromquellen (z. B. parametrische Verstärker, Molekularverstärker).

Unabhängig von den speziellen Problemen der Verstärkertechnik (Frequenzgang, Linearität, Stabilität, Ein- und Ausgangswiderstände und deren Beeinflussung durch Mit- und Gegenkopplung zwischen Ausgang und Eingang) ergeben sich für den Einsatz von Verstärkern in der Weitverkehrstechnik einige grundsätzliche Probleme, die am Beispiel einer Fernsprechfernleitung erläutert werden sollen.

## b) Pegeldiagramm

Der Pegel (das logarithmierte Verhältnis der Signalleistung zu der international vereinbarten Bezugsleistung von 1 mW an 600 Ω, siehe Seite 120) fällt entlang einer homogenen Leitung linear ab (halblogarithmische Darstellung einer e-Funktion) und wird von Verstärkern sprunghaft erhöht (Bild 7.5). Dieser Pegel ist nun nach oben und nach unten begrenzt.

5*

Die obere zulässige Grenze des Pegels kann durch die Spannungsfestigkeit der nachfolgenden Übertragungsglieder (z. B. Kabelisolation),
durch Vorschriften über zulässige Spannungen in Fernmeldeanlagen
(VDE-Vorschriften), durch Forderungen an die Linearität von Verstärkern oder aussteuerungsabhängigen Bauelementen festgelegt sein.

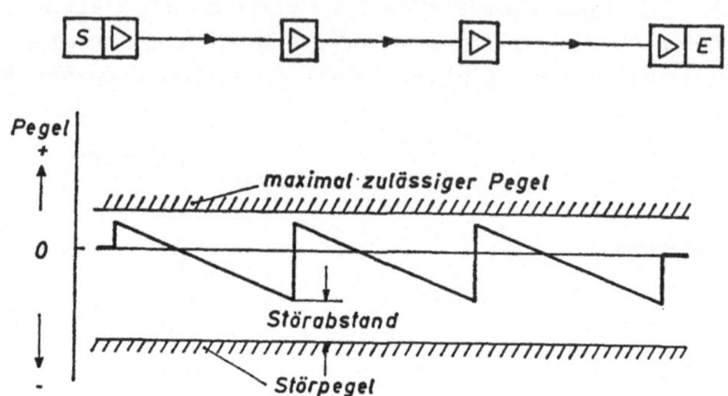



Bild 7.5 Prinzipieller Verlauf eines Pegeldiagrammes.
Bei Sprach- und Musikübertragungen können die Signalamplituden in Abhängigkeit von der Artikulation und Lautstärke in mehr oder weniger weiten Grenzen schwanken (Dynamik des Signals,
siehe Seite 111). Der hier dargestellte Pegelverlauf (Meßpegel) gilt beispielsweise für die Spannung des
Normalgenerators (siehe Seite 120); die Pegelwerte der übertragenen Signale schwanken in einem
Pegelbereich, der den Meßpegel sowohl nach oben überschreiten kann als auch erheblich unter dem
Meßpegel liegen kann.

Die untere zulässige Grenze des Pegels folgt aus der Forderung, daß
der Signalpegel stets um einen durch die jeweilige Aufgabenstellung vorgegebenen Wert höher als der Störpegel liegen soll (Störabstand).

Aus diesen Gründen ist es im allgemeinen nicht möglich, die Verstärkung entweder am Sendeort oder am Empfangsort zu konzentrieren.
Man muß vielmehr die Verstärker (Relaisstationen[1]) so über die gesamte
Übertragungsstrecke verteilen, daß der Pegel immer innerhalb der vorgeschriebenen Grenzen bleibt.

Das Bild 7.5 zeigt die Problemstellung nur ganz schematisch. Bei der
Aufstellung von Pegelplänen und der damit verbundenen Wahl der
Stellen, an denen Verstärker eingeschaltet werden sollen, können noch
andere Gesichtspunkte eine wichtige Rolle spielen, z. B. die Aufteilung
von Fernverkehrsnetzen auf verschiedene Netzbereiche (Netzebenen),
die besonderen Anforderungen des zwischenstaatlichen Nachrichtenverkehrs, die Sichtverhältnisse bei Richtfunkstrecken, die Stromversorgung der Verstärker bei Unterwasserkabeln usw.

---

[1] Verstärkerstellen werden häufig Relaisstationen genannt. Diese Bezeichnung (wie auch die Benennung des Telegraphenrelais) stammt aus der Zeit
der Pferdepost, die an den Relaisstellen ihre Pferde wechselte. Auch damals
spannte man nicht um so mehr Pferde vor, je weiter man reisen wollte,
sondern mußte nur mit zunehmender Entfernung um so öfter die Pferde
wechseln.

## c) Gegensprechbetrieb in Übertragungssystemen mit Verstärkern

In der Regel arbeiten Verstärker nur in einer Richtung. Sollen Übertragungssysteme mit Verstärkern einen Gegensprechbetrieb (Duplexbetrieb, siehe Seite 24) zulassen, dann muß an jeder Relaisstation für jede Richtung je ein Verstärker vorgesehen werden (Bild 7.6).

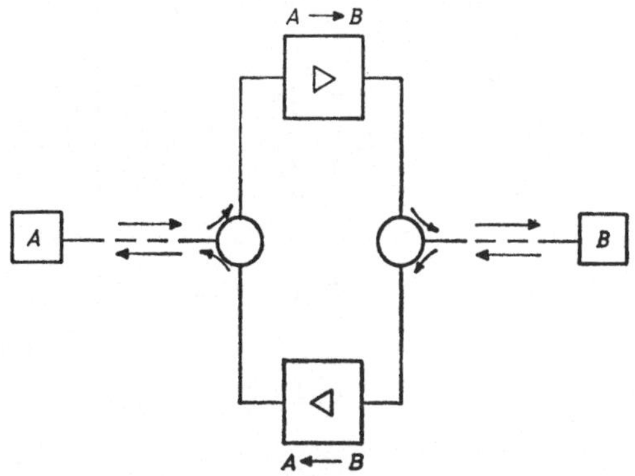


Bild 7.6 Prinzip einer Nachrichtenverbindung mit Verstärkern bei Gegensprechbetrieb.

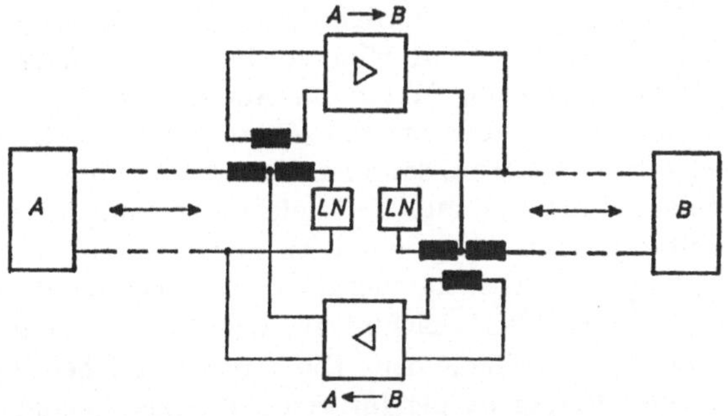


Bild 7.7 Gabelschaltung für Fernsprechverstärker.

Eine direkte Zusammenschaltung der beiden Verstärker derart, daß jeweils der Ausgang des einen mit dem Eingang des anderen verbunden wäre, ist nicht zulässig, weil dann ein in sich geschlossener Rückkopplungskreis entstünde. Statt einer in beiden Richtungen wirksamen Verstärkung würde eine Selbsterregung einsetzen; die Relaisstation würde zum Oszillator.

Um diese Selbsterregung („Pfeifen") zu vermeiden, müssen beide Verstärker voneinander entkoppelt werden. Wenn die Signale in beiden Verkehrsrichtungen im gleichen Frequenzband liegen, benutzt man zur Entkopplung eine Gabelschaltung (Bild 7.7).

Wenn der Scheinwiderstand der Leitungsnachbildung LN gleich dem Eingangswiderstand der angeschlossenen Leitung ist, wirkt eine solche Gabelschaltung wie eine abgeglichene Brücke, die vom Ausgang eines Verstärkers gespeist wird und an deren andere Diagonale über einen Differentialübertrager der Eingang des anderen Verstärkers angeschlossen ist. Bei Brückengleichgewicht teilen sich die Ströme auf der Primärseite des Differentialübertragers symmetrisch auf, in der Sekundärwicklung wird keine Spannung induziert, der Eingang des hier ange-

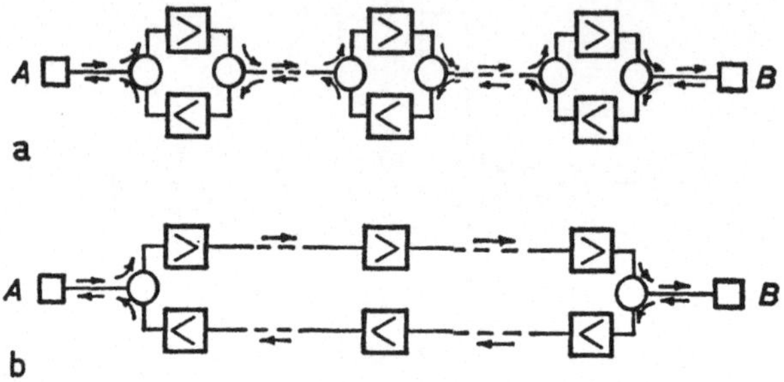

Bild 7.8  Prinzipieller Aufbau einer Zweidraht- (a) und einer Vierdrahtverbindung (b).

schlossenen Verstärkers ist von dem Ausgang des anderen entkoppelt (siehe auch Schaltung zur Rückhördämpfung Seite 25). Die Zusammenschaltung zweier Verstärker mit Hilfe solcher abgeglichener Brücken kann nicht zur Selbsterregung führen, die Anordnung bleibt stabil.

Wird als Leitungsnachbildung ein Zweipol aus wenigen konzentrierten Bauelementen benutzt, dann kann dessen Scheinwiderstand den Eingangswiderstand der Leitung, die ja ein Vierpol mit über die ganze Länge der Leitung gleichmäßig verteilten und sich gegenseitig durchdringenden Energiespeichern ist, nur in einem begrenzten Frequenzbereich und nur angenähert nachbilden. Die Entkopplung der Verstärker ist also nicht vollkommen. Die unvermeidlichen Fehler des Brückenabgleiches begrenzen die für einen stabilen Betrieb zulässige Verstärkung und beeinflussen dadurch ebenfalls den Pegelplan.

Mit Hilfe von Gabelschaltungen lassen sich zwei Grundformen von Übertragungssystemen aufbauen (Bild 7.8).

Der *Zweidrahtbetrieb* braucht zwischen den einzelnen Relaisstationen nur eine Leitung (zwei Adern), benötigt aber in jeder Relaisstation zwei Gabelschaltungen. Da sich Rückkopplungsschleifen auch zwischen benachbarten Relaisstationen ausbilden können, steigt die Zahl der möglichen Rückkopplungsschleifen schneller als die Zahl der Relaisstationen. Ein stabiler Zweidrahtbetrieb ist daher nur mit wenigen Relaisstationen möglich.

Der *Vierdrahtbetrieb* benötigt zwischen den Relaisstationen zwei Leitungen (vier Adern), aber insgesamt nur zwei Gabelschaltungen. Er ist daher wesentlich stabiler und in der Zahl der Relaisstationen nicht begrenzt.

Werden die Signale nicht direkt, sondern mit Hilfe von Trägerströmen übertragen (Modulation siehe Abschnitt 7 e), dann können bei Gegensprechbetrieb für die beiden Übertragungsrichtungen auch Trägerströme verschiedener Frequenz benutzt werden (Zweibandbetrieb). An die Stelle der Gabelschaltung treten dann Frequenzweichen, durch die die Verstärker ebenfalls entkoppelt werden können.

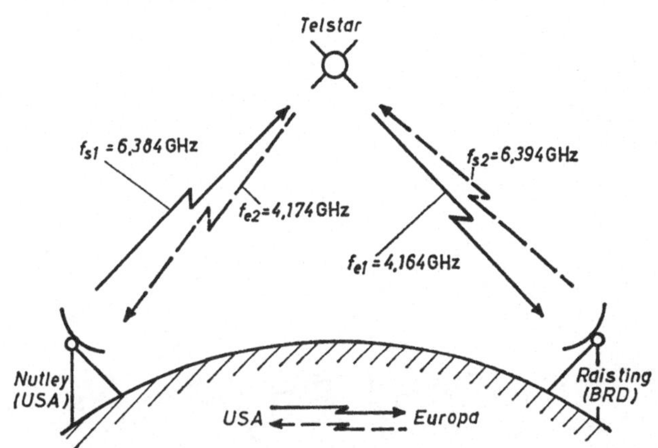


Bild 7.9 Schematisches Beispiel einer Gegensprechübertragung über Satelliten.

Ein besonderes Problem tritt bei Relaisstationen in drahtlosen Übertragungsstrecken auf. Hier genügt es meist nicht, die beiden Verstärker für die beiden Verkehrsrichtungen voneinander zu entkoppeln, sondern es muß auch dafür gesorgt werden, daß jeder Verstärker für sich nicht durch eine Kopplung zwischen seinem Ausgang (Sendeantenne) und seinem Eingang (Empfangsantenne) instabil werden kann. In diesem Fall ändert man die Trägerfrequenz auch innerhalb jeder Betriebsrichtung durch Frequenzumsetzung in der Relaisstation. Als Beispiel für dieses Verfahren zeigt Bild 7.9 das Grundschema einer Satellitenübertragung mit Gegensprechbetrieb.

## d) Mehrfachausnutzung von Übertragungssystemen

Die Entwicklung der Verstärkertechnik hat die Möglichkeit eröffnet, Übertragungssysteme bereitzustellen, deren Pegelplan in sehr breiten Frequenzbereichen eingehalten werden kann. In diesen Fällen ist es wirtschaftlich, nicht nur eine Nachricht, sondern eine Vielzahl von Nachrichten gleichzeitig über ein solches System zu übertragen. Die beiden wichtigsten Verfahren zur Mehrfachausnutzung solcher Systeme sind das Frequenzmultiplex- und das Zeitmultiplexverfahren.

Bei dem *Frequenzmultiplexverfahren* (Bild 7.10) verteilt man die verschiedenen Nachrichten, die gleichzeitig übertragen werden sollen, auf verschiedene Frequenzbänder (Kanäle). Dies geschieht durch Frequenzumsetzung, das heißt durch Modulation von Trägerschwingungen. Über Modulationsverfahren siehe Abschnitt 7 e. Ein sehr einfaches Beispiel für ein Frequenzmultiplexverfahren ist die Wechselstromtelegraphie (WT), bei der für jeden Kanal ein Wechselstromgenerator geeigneter Frequenz bereitsteht. Jeder dieser Generatoren kann ebenso wie eine Gleichstromquelle getastet werden (siehe Seite 11). Auf der

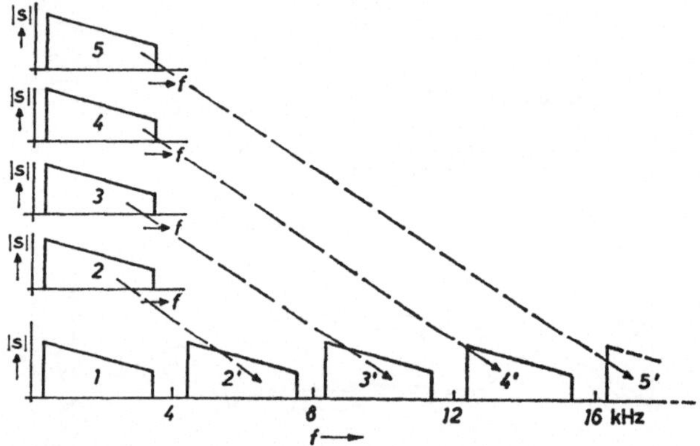

Bild 7.10 Schema einer Mehrfachübertragung nach dem Frequenzmultiplexverfahren.

Empfangsseite werden die Wechselstromimpulse verschiedener Frequenz über Siebschaltungen den zugeordneten Empfängern zugeleitet. Für jeden Kanal einer Wechselstromtelegraphie mit 50 Baud wird eine Bandbreite von etwa 80 Hz (Bandpaßsystem, siehe Seite 18) zur Verfügung gestellt. Um gegenseitige Störungen zu vermeiden, wird vom CCITT (siehe Anhang A 3 a) ein Abstand der Trägerfrequenzen von 120 Hz empfohlen. Bei Fernsprechübertragung müssen Kanäle von rund 3 kHz Bandbreite zur Verfügung gestellt werden. Da zwischen den einzelnen Kanälen genügend breite Lücken bleiben müssen, um gegenseitige Störungen zu vermeiden, empfiehlt CCITT (siehe Anhang A 3 a) für die Trägergeneratoren einen Frequenzabstand von 4 kHz. Beim Rundfunk muß der Frequenzabstand räumlich benachbarter Sender noch größer gewählt werden, weil hier mit Rücksicht auf die einfachere Empfängertechnik der Träger mit beiden Seitenbändern übertragen wird (siehe Seite 76).

Bei dem *Zeitmultiplexverfahren* macht man davon Gebrauch, daß es zur Wiedergabe einer Zeitfunktion (Signalfunktion) genügt, von Zeit zu Zeit Proben der Zeitfunktion (Augenblickswerte) zu übertragen und am Empfangsort die ursprüngliche Form der Zeitfunktion aus diesen

Proben zu rekonstruieren. Diese Rekonstruktion gelingt vollständig, wenn der zeitliche Abstand der Abfrageimpulse im Mittel kleiner ist als die halbe Periodendauer der in der Zeitfunktion enthaltenen Teilschwingung höchster Frequenz. Bei einem für die Aufgaben der Telephonieübertragung ausreichenden Frequenzband der Sprachschwingungen von 0,3 ... 3,4 kHz bedeutet dies, daß die Augenblickswerte der Sprachschwingungen in einem zeitlichen Abstand von höchstens

$$\frac{1}{2 \cdot 3400 \text{ Hz}} = 147 \text{ } \mu\text{sec}$$

übertragen werden. Praktisch verwendet man meist eine Abtastfrequenz von 8 kHz, so daß sich ein zeitlicher Abstand der Abtastwerte von 125 µsec ergibt. Gestattet es die Bandbreite des Übertragungssystems, den jeweiligen Abtastwert mit Impulsen von nur etwa 1 µsec Dauer zu übertragen, dann können in der Pause zwischen zwei Abtastwerten andere Impulsfolgen eingeschoben werden.

Die einzelnen Abtastwerte können durch die Amplitude der Übertragungsimpulse (Pulsamplitudenmodulation, PAM) oder durch die Phasenlage der Impulse gegenüber einem systemeigenen Zeitraster (Pulsphasenmodulation, PPM) wiedergegeben werden. Praktisch ausgeführte Zeitmultiplex-Systeme mit PPM erlauben die gleichzeitige Übertragung von 24 Sprechkanälen. Bei einer Impulsdauer von 1 µsec (Telegraphiergeschwindigkeit 1 MBaud) muß die Grenzfrequenz eines Übertragungssystems mit Tiefpaßcharakter

$$f_g \geqq \frac{1}{2 \cdot 10^{-6} \text{ sec}} = 0,5 \text{ MHz}$$

sein.

### e) Modulation (Frequenzumsetzung)

In dem vorangegangenen Abschnitt ist mehrfach der Begriff der Modulation und der Frequenzumsetzung benutzt worden. Um diese Begriffe — soweit dies im Rahmen einer Einführung möglich ist — etwas näher zu erläutern, sei vorab daran erinnert, daß jede elektrische Nachrichtenübertragung am Sendeort einer Einrichtung bedarf, mit deren Hilfe eine elektrische Energieströmung durch ein Signal gesteuert werden kann (Bild 7.11).

Grundsätzlich kann die durch das Signal zu steuernde Energieströmung einer zeitlich konstant arbeitenden Energiequelle (Gleichstrom), einer periodisch alternierenden Energiequelle (Wechselstrom) oder einer Energiequelle mit periodisch aufeinanderfolgenden Energieimpulsen (Puls) entstammen. Ist die zu steuernde Energieströmung ein Wechselstrom, dann spricht man auch häufig von dem Trägerstrom oder kurz dem Träger, der durch das Signal moduliert wird. Dieser Fall soll im folgenden etwas eingehender behandelt werden.

Eine sinusförmige Trägerschwingung wird durch ihre Amplitude, ihre Frequenz und ihre Phasenlage gegenüber einem Bezugspunkt der Zeitachse vollständig beschrieben. Alle drei Kenngrößen lassen sich durch Signale steuern, und dementsprechend spricht man von Amplitudenmodulation (AM), Frequenzmodulation (FM) und Phasenmodu-

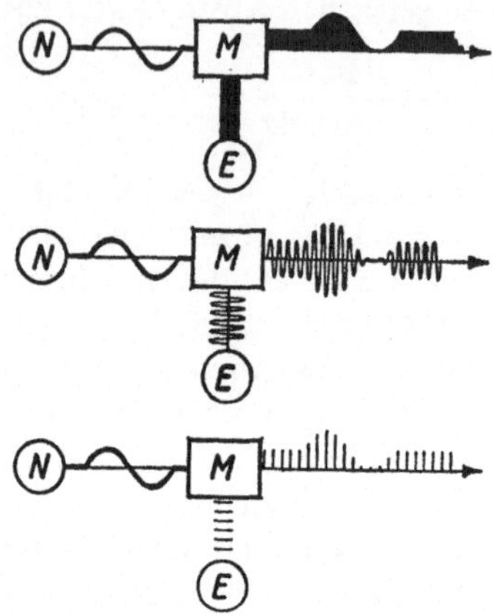

Bild 7.11 Beispiele für die Modulation eines Trägers durch ein Signal. N Nachrichtenquelle, E Energiequelle, M Modulator.

lation (PM) eines sinusförmigen Trägers. Bild 7.12 zeigt Beispiele solcher Modulationsvorgänge jeweils für ein sinusförmiges Signal und ein Telegraphiesignal.

Bei der Amplitudenmodulation ändert sich die Amplitude des Trägers proportional mit dem Augenblickswert des Signals, die Trägerfrequenz bleibt konstant.

Bei der Frequenzmodulation ändert sich die Frequenz proportional mit dem Augenblickswert des Signals, die Trägeramplitude bleibt konstant.

Bei der Phasenmodulation ändert sich die Phasenlage gegenüber einer systemeigenen, mit konstanter Winkelgeschwindigkeit umlaufenden Bezugsgröße proportional mit dem Augenblickswert des Signals, die Trägeramplitude bleibt konstant.

Der Unterschied zwischen Frequenz- und Phasenmodulation wird besonders deutlich bei den Beispielen der Telegraphiesignale. Bei jeder sprunghaften Änderung der Signalamplitude ändert sich bei FM sprunghaft die Frequenz, bei PM tritt ein Phasensprung ein, nach diesem Phasensprung hat der Träger aber wieder seine ursprüngliche Frequenz.

Daß und inwiefern die Modulation eines sinusförmigen Trägers zu einer Frequenzumsetzung führt, läßt sich besonders einfach am Beispiel der Amplitudenmodulation durch ein sinusförmiges Signal zeigen:

Setzt man (unter Vernachlässigung der Nullphasenwinkel) für die Trägerschwingung

$$s_0(t) = \hat{s}_0 \cos \omega_0 t$$

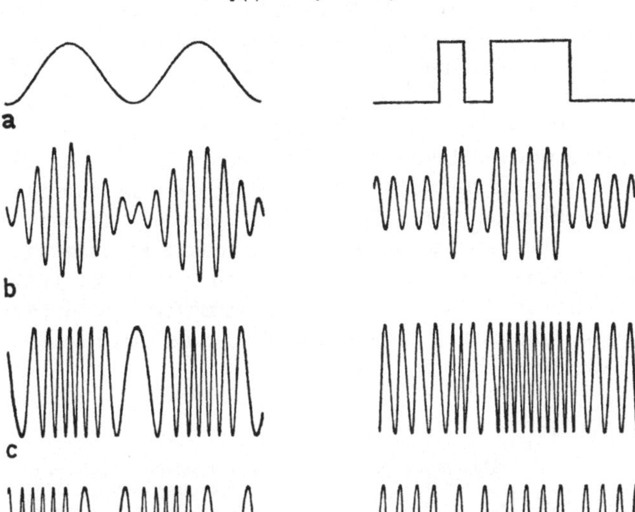

Bild 7.12 Einfache Beispiele für die Modulation eines Wechselstromträgers.
a) Signal, b) Amplitudenmodulation, c) Frequenzmodulation, d) Phasenmodulation.

und für die Signalfunktion

$$s_1(t) = \hat{s}_1 \cos \omega_1 t,$$

und setzt man ferner voraus, daß die Trägeramplitude linear von dem Augenblickswert des Signals abhängt, dann wird die amplitudenmodulierte Schwingung beschrieben durch

$$s_{AM}(t) = (\hat{s}_0 + \hat{s}_1 \cos \omega_1 t) \cos \omega_0 t$$

oder mit dem Modulationsgrad $m = \hat{s}_1/\hat{s}_0$

$$s_{AM}(t) = \hat{s}_0(1 + m \cos \omega_1 t) \cos \omega_0 t.$$

Durch Ausmultiplizieren gewinnt man

$$s_{AM}(t) = \hat{s}_0 \cos \omega_0 t + \hat{s}_1 \cos \omega_0 t \cos \omega_1 t$$

oder

$$s_{AM}(t) = \hat{s}_0 \cos \omega_0 t + (\hat{s}_1/2) \cos (\omega_0 - \omega_1)t + (\hat{s}_1/2) \cos (\omega_0 + \omega_1)t.$$

Dieses Ergebnis zeigt, daß das Spektrum der amplitudenmodulierten
Trägerschwingung aus drei Teilschwingungen zusammengesetzt ist,
nämlich der Trägerschwingung selbst und zwei neuen Schwingungs-
komponenten, deren Frequenzen um die Signalfrequenz niedriger bzw.
höher liegen als die Frequenz der Trägerschwingung.

Wenn das modulierende Signal selbst aus mehreren Teilschwingungen besteht, enthält das Spektrum der amplitudenmodulierten
Trägerschwingung alle Teilschwingungen des Signals sowohl in dem
sogenannten unteren Seitenband (Differenz der Trägerfrequenz und
der Teilschwingungsfrequenzen) als auch in dem sogenannten oberen
Seitenband (Summe der Trägerfrequenz und der Teilschwingungsfrequenzen). Man spricht demnach auch von einer Frequenzumsetzung,
da das Signalspektrum sowohl parallel zu sich selbst entlang der
Frequenzachse in das obere Seitenband verschoben wird (Regellage)
als auch mit Umkehrung der Reihenfolge der Teilschwingungen in das
untere Seitenband (Kehrlage) (Bild 7.13).

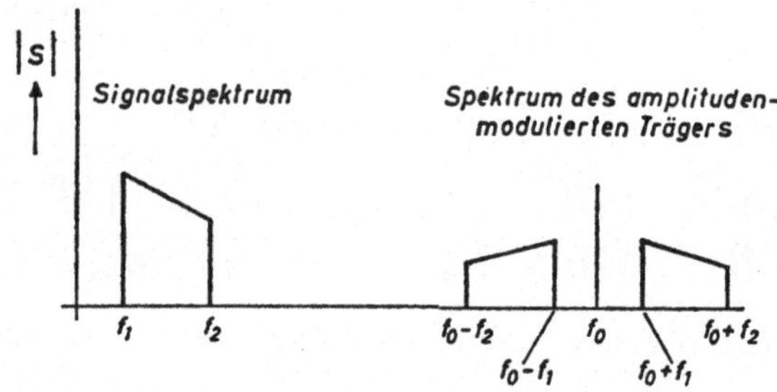


Bild 7.13  Schematische Darstellung des Spektrums eines amplitudenmodulierten Trägers.

Jedes der beiden Seitenbänder enthält alle Informationen, die notwendig sind, um das ursprüngliche Signal am Empfangsort zurückzugewinnen. Diese *Demodulation* eines amplitudenmodulierten Trägers
kann mit Hilfe einer einfachen Gleichrichtung erfolgen, wenn der Träger
und beide Seitenbänder übertragen werden. Dieses Verfahren wird daher
bei der Rundfunkübertragung bevorzugt, bei der möglichst einfach auf-
gebaute Empfangsgeräte erwünscht sind. Grundsätzlich genügt aber
auch die Übertragung nur eines der beiden Seitenbänder. Dann muß
zwar am Empfangsort durch einen erneuten Modulationsvorgang eine
Rückumsetzung des Signals in die ursprüngliche Frequenzlage durchgeführt werden; diesem höheren Geräteaufwand steht aber der Vorteil
gegenüber, daß das Übertragungssystem nur den Frequenzbereich eines
Seitenbandes, nicht aber den doppelt so großen Frequenzbereich beider
Seitenbänder und die Trägerschwingung zu übertragen braucht. Fern-
sehsignale, deren Spektrum schon bei der Frequenz 0 (Gleichstromanteil) beginnt, werden mit Hilfe einer modifizierten Einseitenbandmodulation übertragen, bei der außer dem einen Seitenband auch der

Träger und ein kleiner Teil des anderen Seitenbandes (Restseitenband)
übertragen werden.

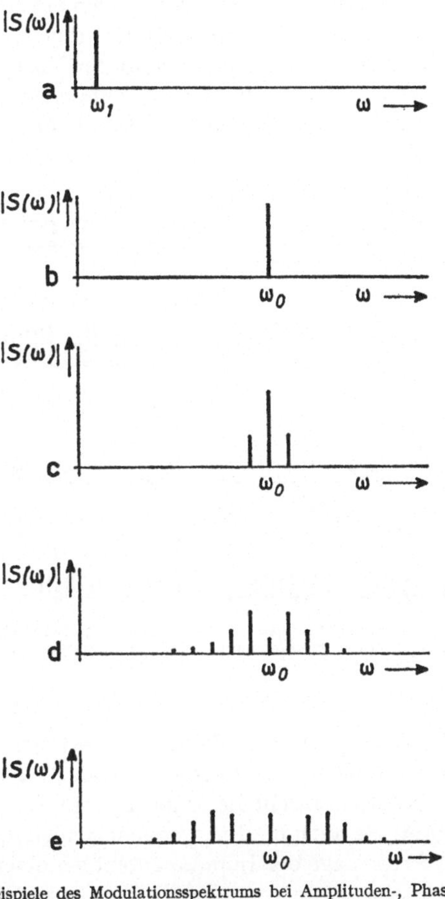

Bild 7.14   Einfache Beispiele des Modulationsspektrums bei Amplituden-, Phasen- und Frequenzmodulation.

a) Signal, $s_1(t) = \hat{s}_1 \cos \omega_1 t$;

b) Träger, $s_0(t) = \hat{s}_0 \cos \omega_0 t$;

c) Amplitudenmodulation, $s_{AM}(t) = \hat{s}_0 (1 + m \cos \omega_1 t) \cos \omega_0 t$, $m \sim \hat{s}_1$, $m = $ Modulationsgrad;

d) Phasenmodulation, $s_{PM}(t) = \hat{s}_0 \cos (\omega_0 t + \Delta\varphi \cos \omega_1 t)$, $\Delta\varphi \sim \hat{s}_1$, $\Delta\varphi = $ Phasenhub;

e) Frequenzmodulation, $s_{FM}(t) = \hat{s}_0 \cos (\omega_0 t + \Delta\omega/\omega_1 \cdot \sin \omega_1 t)$, $\Delta\omega \sim \hat{s}_1$, $\Delta\omega/\omega_1 = $ Modulations-
index.

Wesentlich komplizierter sehen die Frequenzspektren von Trägerschwingungen aus, deren Frequenz oder Phase moduliert wird. Schon
bei einer sinusförmigen Signalschwingung treten hier neben den Seitenbandschwingungen erster Ordnung weitere Seitenbandschwingungen

auf, deren Differenz und Summe zur Trägerschwingungsfrequenz ganz-
zahlige Vielfache der Signalfrequenz sind[1] (Bild 7.14).

Für die Übertragung von frequenz- oder phasenmodulierten Trägern
werden also grundsätzlich breitere Frequenzbänder benötigt als für die
Übertragung von amplitudenmodulierten Trägern. Diesem höheren
Aufwand an Übertragungsbandbreite steht der Vorteil gegenüber, daß
diese Modulationsverfahren zu Übertragungssystemen führen, die
weniger anfällig gegen Störschwingungen sein können.

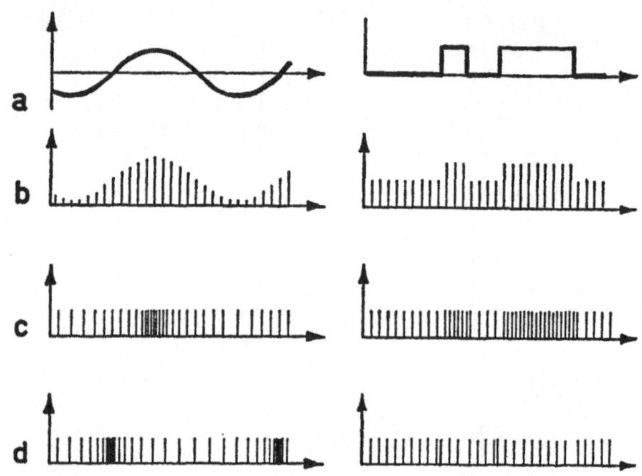

Bild 7.15  Einfache Beispiele für die Modulation einer Impulsfolge.
a) Signal, b) Pulsamplitudenmodulation, c) Pulsfrequenzmodulation, d) Pulsphasenmodulation.

Zum Abschluß sei noch kurz darauf hingewiesen, daß auch bei der
Modulation von Impulsfolgen mehrere Verfahren möglich sind. Wie
Bild 7.15 zeigt, läßt sich sowohl die Amplitude steuern (Pulsamplituden-
modulation, PAM) als auch die Pulsfrequenz (Pulsfrequenzmodulation,
PFM) oder die Phasenlage der Impulse gegenüber einem systemeigenen
Zeitraster (Pulsphasenmodulation, PPM). Ein Beispiel für die praktische
Anwendung der PFM bringt das Kapitel über Fernwirktechnik, in dem
auch als weitere Möglichkeit die Pulscodemodulation (PCM) erläutert
wird.

---

[1] Das hat folgenden Grund: Bei der Amplitudenmodulation treten
Produkte von Winkelfunktionen auf, denen nach dem Additionstheorem
wieder Summen oder Differenzen einfacher Winkelfunktionen entsprechen. Bei der Frequenz- und Phasenmodulation dagegen treten Winkelfunktionen auf, in deren Argument wiederum eine Winkelfunktion vorkommt; ihre Zerlegung in einfache Winkelfunktionen ergibt unendliche
Reihen, deren Koeffizienten Besselfunktionen des Phasenhubs oder des Mo-
dulationsindex sind.

# 8. Physikalische Eigenschaften der Signale

Die Signale der elektrischen Nachrichtenübertragungstechnik sind zeitabhängige elektrische oder magnetische Größen. Sie lassen sich als Funktion der Zeit (im Zeitbereich) oder als Funktion der Frequenz (im Frequenzbereich) beschreiben. Die einfachsten Beispiele zeigt Bild 8.1.

Weder eine zeitlich konstante Größe $s(t) = S_0$ noch eine periodische Zeitfunktion $s(t) = s(t \pm nT_0)$ können als Signale für eine Nachrichtenübertragung benutzt werden. Als Signale kommen vielmehr nur physikalische Größen in Betracht, die sich hinsichtlich relevanter Eigenschaften der Zeitfunktion in Abhängigkeit von der Zeit ändern können.

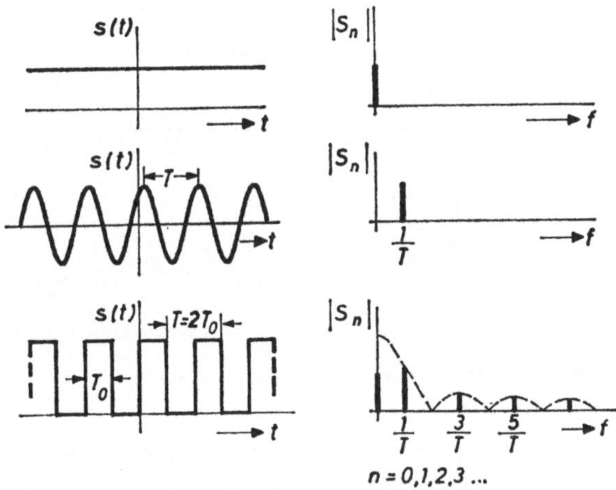


Bild 8.1 Qualitative Beispiele für den zeitlichen Verlauf und das Linienspektrum periodischer Zeitfunktionen.

Solche Signale lassen sich bei makroskopischer Betrachtungsweise in zwei Klassen einteilen:

1. diskontinuierliche Signale, die sich hinsichtlich einer signifikanten Eigenschaft (z. B. Amplitude) sprunghaft zwischen einer begrenzten Zahl diskreter Werte ändern,

2. kontinuierliche Signale, deren signifikante Eigenschaften sich in Abhängigkeit von der Zeit — innerhalb bestimmter Grenzen — beliebig mannigfaltig verändern können.

Die Beispiele in Bild 8.2 zeigen theoretische Grenzfälle diskontinuierlicher Signale. Im Gegensatz zu den periodischen Zeitfunktionen (Bild 8.1), die aus diskreten Teilschwingungen zusammengesetzt sind (Linienspektrum, dessen Amplituden durch die Koeffizienten der Fou-

rierreihe gegeben sind), setzen sich die Zeitfunktionen diskontinuierlicher Signale aus einer unendlichen Zahl von Teilschwingungen ver-
schwindender Amplitude zusammen, deren Frequenzen unendlich
nahe beieinander liegen (kontinuierliches Spektrum, dessen Amplituden-
dichte mit Hilfe des Fourierintegrals berechnet werden kann). *Telegraphiesignale* (siehe Kapitel 2) können im theoretischen Grenzfall als
eine Folge von sprunghaften Änderungen im obenstehenden Sinne aufgefaßt werden.

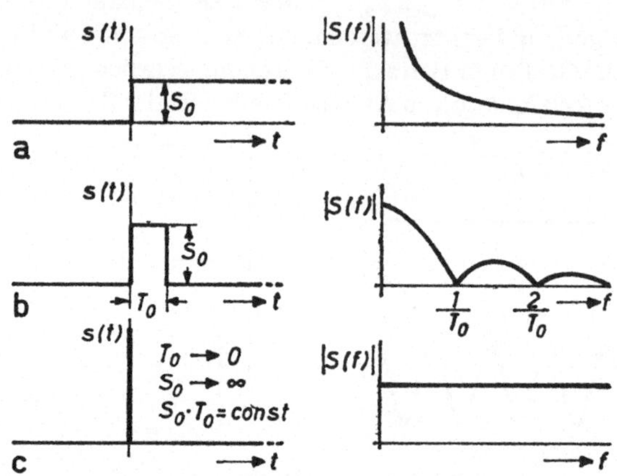

Bild 8.2 Qualitative Beispiele für den zeitlichen Verlauf und das kontinuierliche Spektrum einmaliger
Zeitvorgänge.
a) Sprungfunktion, b) Rechteckschritt, c) Stoßfunktion, Dirac-Stoß.

Dagegen sind *Sprachlaute* (siehe Kapitel 3) Zeitfunktionen unterschiedlicher Art. Je nach dem vorwiegenden Charakter des zeitlichen
Verlaufs oder des Spektrums der Sprachlaute unterscheidet man
folgende Typen:

a) *Vokale* (Bild 8.3); sie sind durch vorübergehend periodische Zeitfunktionen mit Linienspektrum charakterisiert. Die Grundschwingung
legt die Tonhöhe fest, die Energieverteilung im Spektrum die Klang-
farbe. Die einzelnen Vokale unterscheiden sich durch charakteristische
Schwerpunkte dieser Energieverteilung, die Formanten genannt werden.
Die ungefähre Lage der Formanten gibt die folgende Tabelle an:

|   | 1. Formant | 2. Formant und Oberformanten |
|---|---|---|
| u | 200···600 Hz | — |
| o | 400···600 Hz | 800···1 000 Hz |
| a | 500···800 Hz | 1 000···1 300 Hz |
| e | 300···600 Hz | 1 200···2 600 Hz |
| i | 200···400 Hz | 1 500···3 500 Hz |

b) *Zischlaute* (Bild 8.3); sie zeigen eine sehr unregelmäßige Zeit-funktion, deren Spektrum dem eines Rauschvorganges ähnlich ist.

c) *Stimmlose Konsonanten oder Verschlußlaute* (Bild 8.4), die als gesteuerte Ausgleichsvorgänge der nachfolgenden oder vorangegangenen stimmhaften Laute aufgefaßt werden können.

d) *Stimmhafte Konsonanten* (Bild 8.4), die als periodische Modu-lation eines mehr oder weniger regelmäßigen Schwingungsvorganges aufgefaßt werden können.

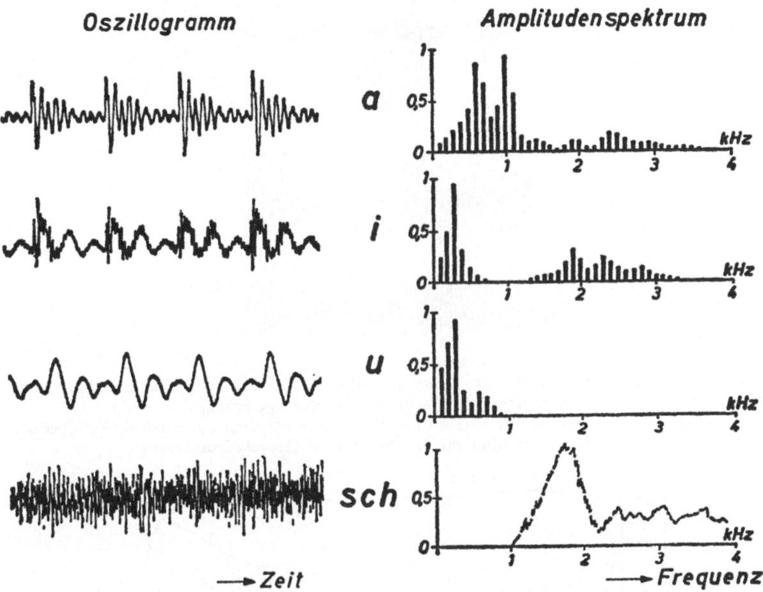


Bild 8.3 Beispiele für den zeitlichen Verlauf und das Amplitudenspektrum stimmhafter Sprachlaute.

Das gesunde menschliche Gehör vermag Luftschwingungen in einem Frequenzbereich von etwa $16\,\text{Hz}\cdots16\,\text{kHz}$ und — bei mittleren Fre-quenzen — in einem Amplitudenbereich von etwa $2\cdot10^{-4}\cdots200\,\mu\text{bar}$ als Hörereignis wahrzunehmen. Die Schallschwingungen der mensch-lichen Sprache nutzen nur einen relativ kleinen Teil des möglichen Hörbereiches aus (Bild 8.5), und zwar den Frequenzbereich von etwa $100\,\text{Hz}\cdots10\,\text{kHz}$ und den Amplitudenbereich von etwa $2\cdot10^{-2}$ bis $2\,\mu\text{bar}$.

Infolge der inneren Bindungen der Sprache (Übergangswahrschein-lichkeiten der einzelnen Laute) und dank unserer Fähigkeit zur kombi-natorischen Kompensation genügt es — bei Verzicht auf die letzten Feinheiten der Artikulation — ein wesentlich eingeschränktes Frequenzspektrum der Sprache zu übertragen, wenn nur Wert auf eine ausreichende Verständlichkeit gelegt wird. Bild 8.6 zeigt den Zusammenhang zwischen Bandbreite und Silbenverständlichkeit. Im Interesse

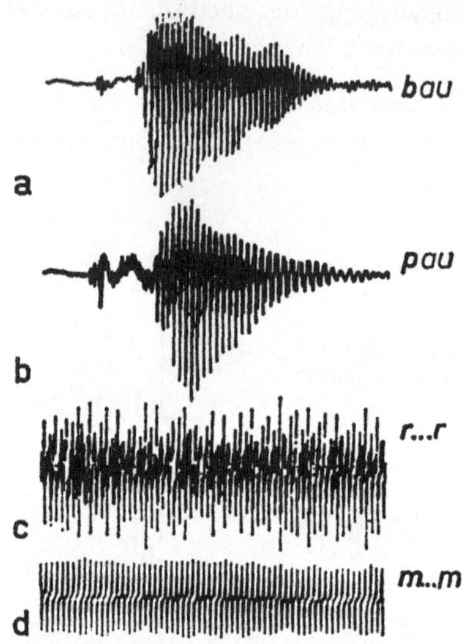



Bild 8.4  Beispiele für stimmlose Sprachlaute.
c, b) **Stimmlose Konsonanten** (Beispiel Verschlußlaute): Ein Verschluß wird durch hindurchgepreßte Luft gesprengt (gesteuerter Einschwingvorgang).
a, d) **Stimmhafte Konsonanten** (Beispiel Zitter- und Nasenlaut): Dem Luftstrom wird ein periodisch schwingendes Hindernis entgegengestellt (Modulationsvorgang).

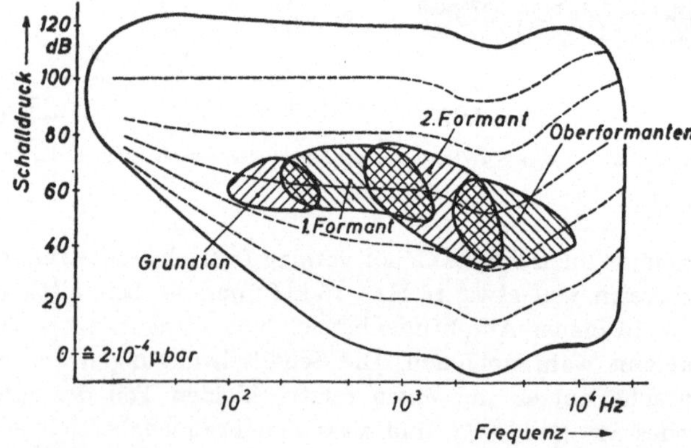



Bild 8.5  Hörfläche und Sprachspektrum (nach KNUDSEN und WINCKEL).

eines sinnvollen Kompromisses zwischen Wirtschaftlichkeit und Übertragungsqualität ist seit 1946 international vereinbart, Telephoniesysteme mit einem Übertragungsbereich von 300···3400 Hz auszurüsten.

Die Eingangssignale der übrigen Anwendungsbereiche der elektrischen Nachrichtenübertragungstechnik lassen sich in erster Annäherung stets entweder der Gruppe der diskontinuierlichen Signale zuordnen (neben den Telegraphiesignalen z. B. die Wählimpulse der Vermittlungstechnik, die Signale der Fernsteuerung oder der selbsttätigen Gefahrenmeldeanlagen und die Synchronisierimpulse des Fernsehens) oder als kontinuierliche Signale auffassen (neben den Sprachlauten z. B. die Bildsignale der Bildtelegraphie und des Fernsehens). Eine Besonderheit der Signale der Fernmeßtechnik liegt darin, daß sich die an sich kontinuierlich veränderlichen Meßwerte häufig nur sehr langsam mit der Zeit ändern, ihr Absolutwert aber mit großer Genauigkeit übertragen werden soll.

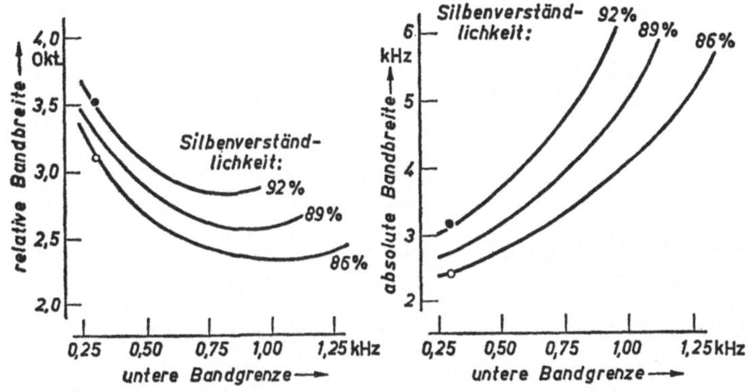


Bild 8.6  Abhängigkeit der Silbenverständlichkeit von der Frequenzbandbeschneidung der Sprachschwingungen (nach Meßwerten von FRENCH und STEINBERG [IASA 18, S. 35]).
● CCI ab 1946 (300···3400 Hz),    ○ CCI bis 1946 (300···2600 Hz).

# 9. Physikalische Eigenschaften der Übertragungssysteme

Wie schon in Kapitel 1 kurz erläutert, benutzt die elektrische Nachrichtentechnik die Energieströmung im elektromagnetischen Feld als Transportmittel für die Signale, deren wesentlichste Eigenschaften in Kapitel 8 behandelt wurden. Für eine elementare Behandlung der Eigenschaften elektrischer Übertragungssysteme genügt es, das Verhalten dieser Systeme gegenüber Spannungen und Strömen mit sinusförmigem Verlauf zu betrachten und zu untersuchen, wie dieses Verhalten von der Frequenz der Spannungen oder Ströme abhängt. Für eine solche Behandlung eignet sich besonders die komplexe Schreibweise; Beispiele für die in diesem Buch gewählte Darstellung enthält nachstehende Übersicht[1].

Komplexe Spannung
$$U = |U|\, \mathrm{e}^{\mathrm{j}\varphi_u},$$

Augenblickswert
$$u(t) = \hat{u} \cos(\omega t + \varphi_u)$$
$$= \mathrm{Re}\,\{U\mathrm{e}^{\mathrm{j}\omega t}\} = \mathrm{Re}\,\{|U|\,\mathrm{e}^{\mathrm{j}(\omega t + \varphi_u)}\},$$

Effektivwert
$$U_{\mathrm{eff}} = \hat{u}/\sqrt{2} = |U|/\sqrt{2} =$$
$$= \sqrt{(1/T)\int_0^T u^2(t)\,\mathrm{d}t},$$

Effektivwertzeiger
$$U/\sqrt{2} = \left(|U|/\sqrt{2}\right)\mathrm{e}^{\mathrm{j}\varphi_u},$$

Komplexer Strom
$$I = |I|\,\mathrm{e}^{\mathrm{j}\varphi_i},$$

Augenblickswert
$$i(t) = \hat{i}\cos(\omega t + \varphi_i)$$
$$= \mathrm{Re}\,\{I\mathrm{e}^{\mathrm{j}\omega t}\} = \mathrm{Re}\,\{|I|\,\mathrm{e}^{\mathrm{j}(\omega t + \varphi_i)}\},$$

Effektivwert
$$I_{\mathrm{eff}} = \hat{i}/\sqrt{2} = |I|/\sqrt{2} =$$
$$= \sqrt{(1/T)\int_0^T i^2(t)\,\mathrm{d}t},$$

Effektivwertzeiger
$$I/\sqrt{2} = \left(|I|/\sqrt{2}\right)\mathrm{e}^{\mathrm{j}\varphi_i},$$

Komplexer Widerstand
$$Z = |Z|\,\mathrm{e}^{\mathrm{j}\varphi_z} = R + \mathrm{j}X,$$

Komplexer Leitwert
$$Y = |Y|\,\mathrm{e}^{\mathrm{j}\varphi_y} = G + \mathrm{j}B,$$

Komplexe Vierpolkoeffizienten
$$A_{mn} = |A_{mn}|\,\mathrm{e}^{\mathrm{j}\varphi_{mn}},$$

Komplexes Dämpfungsmaß
$$g = a + \mathrm{j}b.$$

---

[1] Vor allem in der deutschsprachigen Literatur wurden früher häufig Frakturbuchstaben zur Kennzeichnung komplexer Größen verwendet. Heute geht man mehr und mehr dazu über, auch für komplexe Größen lateinische Buchstaben zu verwenden und sie allenfalls durch Unterstreichen als komplex zu kennzeichnen. In dem vorliegenden Buch wird auf diese besondere Kennzeichnung ganz verzichtet.

Bei den Zeigern sinusförmig veränderlicher Größen muß zwischen Amplitude und Effektivwert unterschieden werden. In dem vorliegenden Buch bedeutet die durch Betragsstriche gekennzeichnete Länge eines mit $\omega = 2\pi f$ umlaufenden Zeigers — im Gegensatz zu der in der Starkstromtechnik üblichen Darstellungsweise — die Amplitude und nicht den Effektivwert. Der Grund hierfür liegt darin, daß im Bereich der Nachrichtentechnik die Umrechnung in Augenblickswerte oder die Transformation in den Frequenzbereich häufiger vorkommt als das Rechnen mit Effektivwerten. Bei der Beschreibung einer sinusförmig veränderlichen Größe im Zeitbereich wird die Amplitude durch das über den Formelbuchstaben gesetzte Zeichen ^ gekennzeichnet.

## a) Vierpoltheorie

Läßt man die Frage der Steuerung einer Energieströmung durch Signale außer Betracht, dann besteht ein elektrisches Nachrichtenübertragungssystem im einfachsten Fall aus einer Energiequelle, einem Übertragungssystem und einer Energiesenke (Bild 9.1).

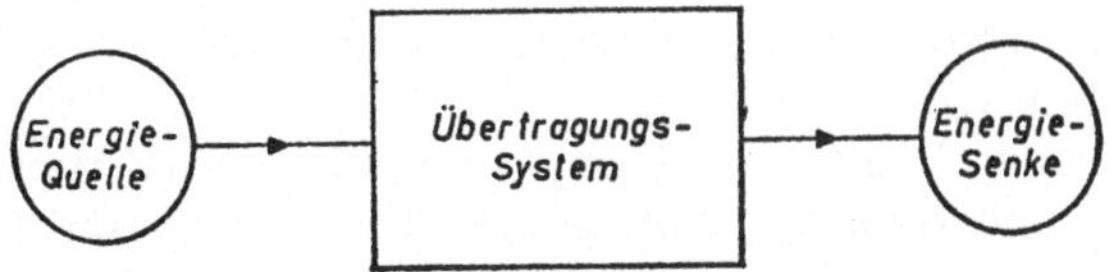


Bild 9.1  Prinzip einer elektrischen Energieübertragung.

Während elektrische Energiequellen und Energiesenken jeweils nur ein Klemmenpaar besitzen (Zweipol, Eintor) und bei linearem Verhalten durch eine einzige Gleichung beschrieben werden können, muß das Übertragungssystem zwei Klemmenpaare besitzen (Vierpol, Zweitor). Für die Beschreibung der Zusammenhänge zwischen den Spannungen und Strömen der beiden Klemmenpaare und den Eigenschaften des Systems sind dann jeweils zwei Gleichungen notwendig (Bild 9.2).

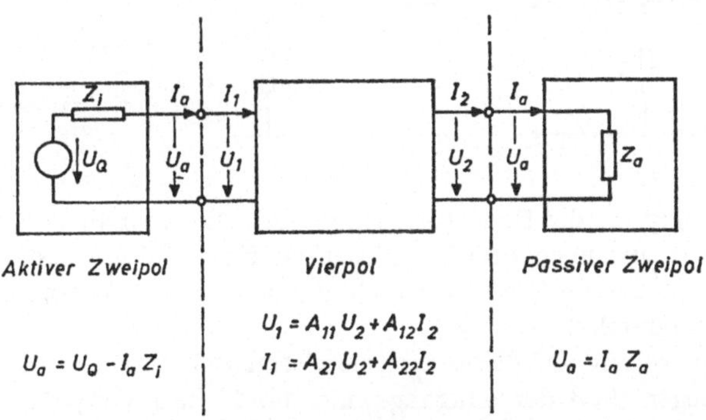


Bild 9.2  Beschreibung von Zwei- und Vierpolen.

Das in Bild 9.2 angeführte Gleichungspaar eines linearen Vierpols stellt nur eines von vielen möglichen Beispielen dar. Die vier in diesen beiden Gleichungen benutzten Koeffizienten $A_{11}$ bis $A_{22}$ (Kettenparameter) sind im allgemeinen frequenzabhängige komplexe Größen, die sich bei Extremfällen der Belastung eines Vierpols (Leerlauf und Kurzschluß) experimentell bestimmen lassen:

$$A_{11} = (U_1/U_2)_{I_2=0} = \text{Leerlaufspannungsverhältnis,}$$

$$A_{22} = (I_1/I_2)_{U_2=0} = \text{Kurzschlußstromverhältnis,}$$

$$A_{12} = (U_1/I_2)_{U_2=0} = \text{Kurzschlußkernwiderstand,}$$

$$A_{21} = (I_1/U_2)_{I_2=0} = \text{Leerlaufkernleitwert.}$$

Die Bezeichnung Kernwiderstand oder Kernleitwert soll darauf hinweisen, daß hier ein Verhältnis von Spannungen zu Strömen (Dimension Widerstand) oder von Strömen zu Spannungen (Dimension Leitwert) durch den „Kern" des Vierpols hindurch gemessen wird.

Viele physikalische Systeme haben die Eigenschaft, daß sich das Verhältnis einer Wirkung zu ihrer Ursache nicht ändert, wenn man die Orte der Ursachen und Wirkungen miteinander vertauscht[1]. Man spricht dann davon, daß in einem solchen System das Reziprozitätstheorem erfüllt ist.

Gilt in einem Vierpol das Reziprozitätstheorem (Vertauschbarkeit von Ursache und Wirkung), dann gilt für die Determinante der Kettenmatrix

$$A_{11}A_{22} - A_{12}A_{21} = 1.$$

Diese Bedingung ist für viele Vierpole erfüllt. Sie werden in der Literatur gelegentlich reziproke oder umkehrbare Vierpole genannt, besser ist die Bezeichnung kopplungssymmetrische oder kernsymmetrische Vierpole, weil bei diesen Vierpolen die „durch den Kern" meßbaren Größen

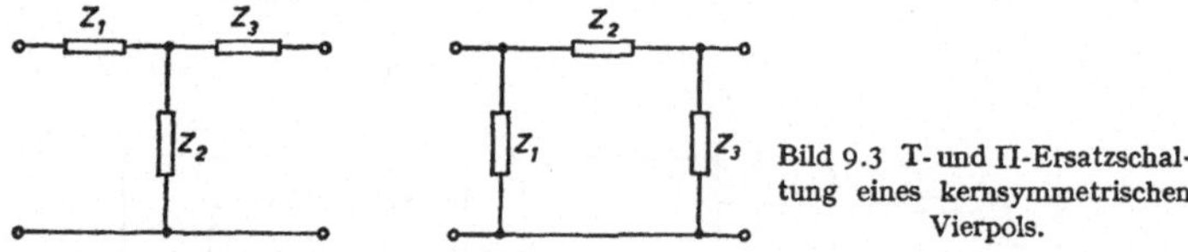

Bild 9.3 T- und Π-Ersatzschaltung eines kernsymmetrischen Vierpols.

unabhängig von der Betriebsrichtung sind. Da durch die Determinantenbeziehung nur noch drei Koeffizienten frei wählbar sind, lassen sich kernsymmetrische Vierpole durch Ersatzschaltungen[2] aus drei Widerständen darstellen (Bild 9.3).

Eine weitere mögliche Symmetrieeigenschaft eines Vierpols kann darin liegen, daß der Eingangswiderstand eines Vierpols bei gleicher

---

[1] Dabei dürfen als Ursache und Wirkung nur solche Größen betrachtet werden, deren Produkt eine Leistung oder eine Energie ergibt, z. B. Spannung als Ursache und Strom als Wirkung im Falle elektrischer Stromkreise oder Kraft als Ursache und Auslenkung als Wirkung im Falle elastischer Systeme. Es darf also nicht etwa sowohl die Ursache als auch die betrachtete Wirkung eine elektrische Spannung sein oder die Ursache eine elektrische und die Wirkung eine mechanische Größe. Siehe auch „Reversible Wandler", Seite 42.

[2] „Ersatzbilder" eignen sich zwar dazu, die Eigenschaften oder das Verhalten komplizierterer Systeme in einfacher Weise zu beschreiben. Bei ihrer Benutzung muß aber sehr darauf geachtet werden, daß diese vereinfachte Beschreibung meist nur unter ganz bestimmten Randbedingungen Gültigkeit hat und daß die Elemente der Ersatzschaltung keineswegs realen Bauelementen zu entsprechen brauchen.

Belastung des Ausgangsklemmenpaares unabhängig von der Betriebsrichtung ist. Für einen solchen Vierpol gilt die Beziehung

$$A_{11} = A_{22},$$

und man nennt einen solchen Vierpol widerstandssymmetrisch oder
torsymmetrisch.

Besonders einfache Beziehungen erhält man für Vierpole, in denen
beide Symmetriebedingungen erfüllt sind (kern- und torsymmetrische
Vierpole, in der Literatur häufig auch einfach symmetrische Vierpole

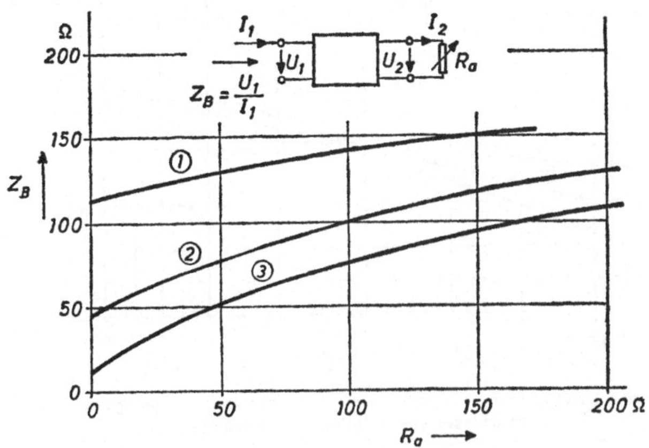


Bild 9.4  Eingangswiderstand kern- und torsymmetrischer Vierpole in Abhängigkeit von dem Abschlußwiderstand (lineare Darstellung).

genannt). Bei einem solchen Vierpol sind alle von den beiden Klemmen-
paaren aus meßbaren Eigenschaften unabhängig von der Betriebsrichtung. Da ferner die beiden Bedingungen

$$A_{11}A_{22} - A_{12}A_{21} = 1, \qquad A_{11} = A_{22}$$

erfüllt sind, genügen zur Beschreibung der Eigenschaften eines solchen
Vierpols zwei im allgemeinen komplexe Angaben (gegenüber vier bei
einem allgemeinen Vierpol). Ein häufig verwendetes Paar von Para-
metern zur Beschreibung eines kern- und torsymmetrischen Vierpols
sind der Wellenwiderstand und das komplexe Wellendämpfungsmaß.
Die physikalische Bedeutung dieser beiden Größen sei im folgenden an
dem sehr einfachen Beispiel kern- und torsymmetrischer Vierpole
erläutert, die in ihrem Innern nur reelle Widerstände (also keine
Energiespeicher) enthalten und zwischen reellen Widerständen betrieben werden.

Mißt man (Bild 9.4) bei verschiedenen derartigen Vierpolen (*1, 2, 3*) den Eingangswiderstand bei veränderlichem Abschlußwiderstand, dann findet man:

1. Der Eingangswiderstand eines Vierpols hängt sowohl von den Eigenschaften dieses Vierpols als auch von der Größe des Abschlußwiderstandes ab.

2. Bei jedem der drei untersuchten Vierpole gibt es jeweils einen (und nur einen) endlichen Abschlußwiderstand, bei dem der Eingangswiderstand gleich diesem Abschlußwiderstand ist.

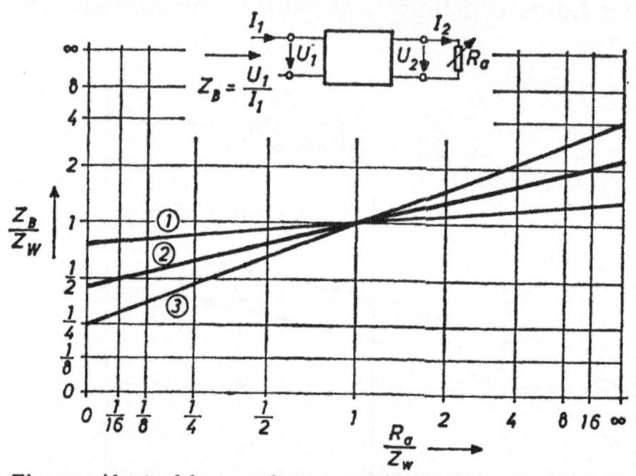


Bild 9.5  Eingangswiderstand kern- und torsymmetrischer Vierpole in Abhängigkeit von dem Abschlußwiderstand (gedrängte Darstellung).

Wie die Vierpoltheorie zu beweisen vermag, gelten diese Ergebnisse auch für Vierpole, die Energiespeicher enthalten. Der Abschlußwiderstand, bei dem der Eingangswiderstand gleich diesem Abschlußwiderstand ist, wird dann im allgemeinen komplex. Er ist eine der beiden kennzeichnenden Größen eines kern- und torsymmetrischen Vierpols. Da dieser Zusammenhang zuerst bei der homogenen Leitung erkannt wurde, nennt man diesen kennzeichnenden Widerstand den Wellenwiderstand des kern- und torsymmetrischen Vierpols[1].

Messung und Rechnung zeigen, daß der Wellenwiderstand $Z_W$ gleich dem geometrischen Mittel aus dem Kurzschlußwiderstand $Z_K$ und dem Leerlaufwiderstand $Z_L$ ist:

$$\left| \; (U_1/I_1)_{R_a=Z_W} = \sqrt{(U_1/I_1)_{R_a=0} \cdot (U_1/I_1)_{R_a=\infty}} \; \right|^{*}$$

$$\left| \; Z_W = \sqrt{Z_K Z_L} \phantom{xxxxxxxxx} \right| \begin{array}{l} A_{11}A_{22} - A_{12}A_{21} = 1 \\ \phantom{xxxx} A_{11} = A_{22} \end{array}$$

---

[1] Im theoretischen Grenzfall verlustloser Vierpole kann der Ausnahmefall eintreten, daß Gleichheit von Eingangs- und Abschlußwiderstand nicht nur für einen ausgezeichneten Wert gilt.

* Formeln zwischen senkrechten unterbrochenen Strichen gelten nur unter den Randbedingungen, die außerhalb des rechten Striches angegeben sind.

Die Existenz eines solchen charakteristischen Widerstandes legt es nahe, für die Kurven des Bildes 9.4 eine sogenannte normierte Darstellung zu wählen (Bild 9.5).

In Bild 9.5 ist der Abschlußwiderstand $R_a$ jeweils auf den normierenden Wellenwiderstand $Z_W$ bezogen; außerdem ist für den Maßstab eine gedrängte Darstellung gewählt, so daß alle Werte von 0 bis $\infty$ erfaßt werden. Solche normierten Darstellungen können in vielen Fällen einen besseren Überblick geben, doch muß man hier stets berücksichtigen, daß die absoluten Werte über einer linear geteilten Skala einen anderen Verlauf haben.

Mißt man bei denselben Vierpolen das Verhältnis der Eingangs- zur Ausgangsspannung und das Verhältnis des Eingangsstromes zum Ausgangsstrom (Bild 9.6), so findet man:

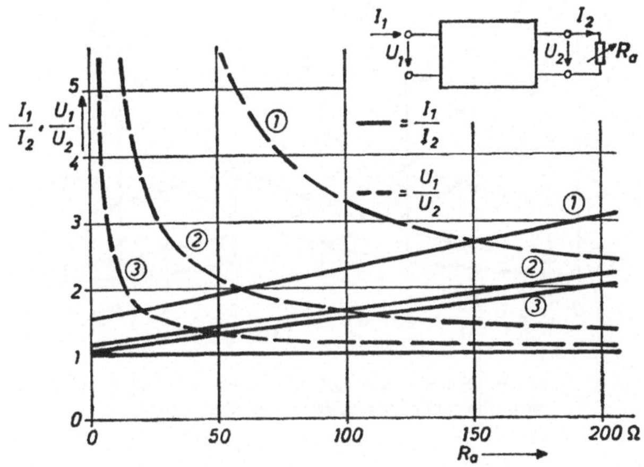


Bild 9.6 Spannungs- und Stromverhältnisse kern- und torsymmetrischer Vierpole in Abhängigkeit von dem Abschlußwiderstand (lineare Darstellung).

1. Das Verhältnis der Eingangs- zur Ausgangsspannung und das Verhältnis des Eingangsstromes zum Ausgangsstrom hängen sowohl von den Eigenschaften des Vierpols als auch von der Größe des Abschlußwiderstandes ab.

2. Bei jedem der drei untersuchten Vierpole gibt es jeweils einen (und nur einen) Abschlußwiderstand, bei dem das Verhältnis der Eingangs- zur Ausgangsspannung gleich dem Verhältnis des Eingangsstromes zum Ausgangsstrom ist. Der Abschlußwiderstand, für den beide Verhältnisse gleich groß sind, ist der Wellenwiderstand des kern- und torsymmetrischen Vierpols (siehe auch Bild 9.7 in normierter Darstellung).

Wie die Vierpoltheorie zu beweisen vermag, gilt für jeden kern- und torsymmetrischen Vierpol

$$(I_1/I_2)_{R_a=Z_W} = (U_1/U_2)_{R_a=Z_W}$$
$$(I_1/I_2)_{R_a=0} = (U_1/U_2)_{R_a=\infty} \qquad A_{11}A_{22} - A_{12}A_{21} = 1$$
$$A_{11} = A_{22}$$

Aus Gründen, die im Anhang A 1 näher erläutert sind, hat man für den Fall des Abschlusses eines kern- und torsymmetrischen Vierpols mit seinem Wellenwiderstand (Wellenanpassung) den Logarithmus des Verhältnisses der Spannungen oder der Ströme am Eingang und Ausgang als Wellendämpfungsmaß[1] definiert.

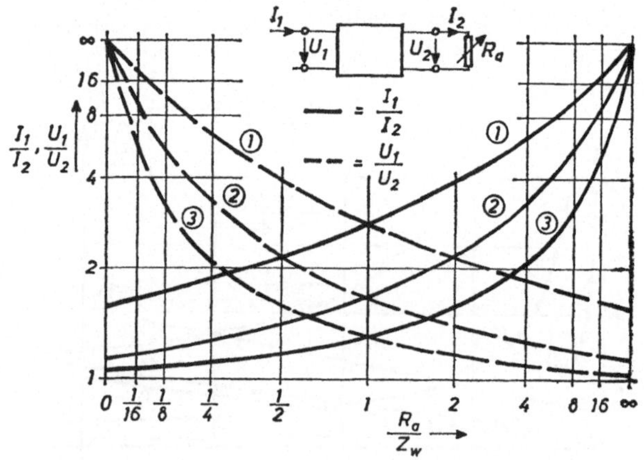



Bild 9.7 Spannungs- und Stromverhältnisse kern- und torsymmetrischer Vierpole in Abhängigkeit von dem Abschlußwiderstand (gedrängte Darstellung).

Enthält der Vierpol auch Energiespeicher, dann wird der Wellenwiderstand komplex; ferner unterscheiden sich die Eingangs- und Ausgangsspannung sowie der Eingangs- und Ausgangsstrom nicht nur dem Betrage nach; zwischen Eingangs- und Ausgangsspannung sowie zwischen Eingangs- und Ausgangsstrom besteht dann vielmehr auch ein Phasenunterschied, den man dadurch berücksichtigt, daß man das Dämpfungsmaß als komplexe Größe angibt:

---

[1] In der Literatur wird häufig nicht unterschieden, ob Eingangsgrößen eines Vierpols auf Ausgangsgrößen bezogen sind oder umgekehrt. Nach den Vorschlägen des AEF sollten künftig Bezeichnungen für Quotienten aus Eingangs- zu Ausgangsgrößen mit der Benennung „Dämpfungs..." gebildet werden. Das Verhältnis von Eingangsströmen oder -spannungen zu Ausgangsströmen oder -spannungen wird komplexer Dämpfungsfaktor, das logarithmierte Verhältnis Dämpfungsmaß genannt. Siehe auch Fußnote auf Seite 105 zur Definition des Übertragungsfaktors.

$$g_\mathrm{W} = a_\mathrm{W} + \mathrm{j}\,b_\mathrm{W} = \ln\,(U_1/U_2) =$$
$$= \ln\,(|\,U_1/U_2\,|\,\mathrm{e}^{\mathrm{j}b_\mathrm{W}})$$

$$A_{11}A_{22} - A_{12}A_{21} = 1$$
$$A_{11} = A_{22},$$
$$Z_\mathrm{a} = Z_\mathrm{W}$$

Realteil $a_\mathrm{W}$ = Wellendämpfungsmaß,

Imaginärteil $b_\mathrm{W}$ = Wellenwinkel[1].

Das Wellendämpfungsmaß $a_\mathrm{W}$ ist das logarithmierte Verhältnis der Beträge der Eingangs- und Ausgangsspannung oder des Eingangs- und Ausgangsstromes eines kern- und torsymmetrischen mit dem Wellenwiderstand abgeschlossenen Vierpols.

Der Wellenwinkel $b_\mathrm{W}$ ist der Phasenwinkel zwischen Eingangs- und Ausgangsspannung oder Eingangs- und Ausgangsstrom eines kern- und torsymmetrischen mit dem Wellenwiderstand abgeschlossenen Vierpols.

Wellenwiderstand und komplexes Wellendämpfungsmaß sind zwei mögliche Kenngrößen eines tor- und kernsymmetrischen Vierpols. In den Bildern 9.4 bis 9.7 können daher die Ziffern 1 bis 3 der gemessenen Vierpole auch durch folgende Kenngrößen ersetzt werden:

Vierpol 1:  $Z_\mathrm{W} = R_\mathrm{W} = 150\,\Omega$;  $a_\mathrm{W} = 1{,}0$ Np,  $b_\mathrm{W} = 0°$;

Vierpol 2:  $Z_\mathrm{W} = R_\mathrm{W} = 100\,\Omega$;  $a_\mathrm{W} = 0{,}5$ Np,  $b_\mathrm{W} = 0°$;

Vierpol 3:  $Z_\mathrm{W} = R_\mathrm{W} = \ 50\,\Omega$;  $a_\mathrm{W} = 0{,}25$ Np,  $b_\mathrm{W} = 0°$.

Über die Einheit Np (Neper) siehe Seite 119.

Ein weiterer wichtiger Zusammenhang ist in Bild 9.8 dargestellt. In einem kern- und torsymmetrischen Vierpol ist das Leerlaufspannungsverhältnis $A_{11}$ gleich groß wie das Kurzschlußstromverhältnis $A_{22}$.

Je nachdem, ob man die Eingangs- auf die Ausgangsgrößen oder umgekehrt bezieht, erhält man ferner für den Fall der Wellenanpassung

$$U_1/U_2 = I_1/I_2 = \mathrm{e}^{g_\mathrm{W}}$$
$$U_2/U_1 = I_2/I_1 = \mathrm{e}^{-g_\mathrm{W}}$$

$$A_{11}A_{22} - A_{12}A_{21} = 1$$
$$A_{11} = A_{22}.$$
$$Z_\mathrm{a} = Z_\mathrm{W}$$

Wie Bild 9.8 zeigt, liegt bei einem kern- und torsymmetrischen Vierpol das Leerlaufspannungs- oder das Kurzschlußstromverhältnis gerade im arithmetischen Mittel zwischen den Spannungs- und Strom-

---

[1] In der deutschsprachigen Literatur wurden bis 1953 die Buchstaben $a$ und $b$ im umgekehrten Sinne benutzt:

$$b = \text{Dämpfungsmaß}$$
$$a = \text{Winkel}$$

bis 1953.

verhältnissen bei Wellenanpassung und deren Kehrwerten. Daraus leitet sich die Beziehung ab:

$$(U_1/U_2)_{Z_a=\infty} = (I_1/I_2)_{Z_a=0} = (e^{g_w} + e^{-g_w})/2$$

$$A_{11} = A_{22} = \cosh g_w \qquad\qquad A_{11}A_{22} - A_{12}A_{21} = 1$$
$$A_{11} = A_{22}$$

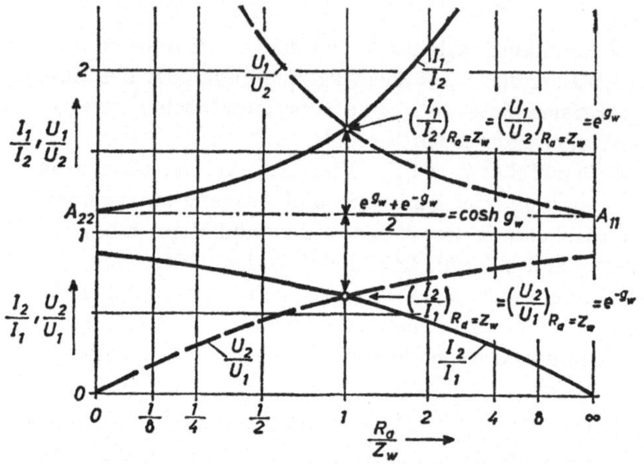

Bild 9.8  Das arithmetische Mittel zwischen Spannungs- oder Stromverhältnis bei Wellenanpassung und deren Kehrwerten ist gleich dem Leerlaufspannungs- und Kurzschlußstromverhältnis. $g_w = a_w = 0{,}5$ Np.

Die obenstehende Darstellung soll nur ein allgemeines Verständnis für das Wesen eines Vierpols vermitteln. Einen exakten Einblick in die Zusammenhänge auch bei Vierpolen, die die obengenannten Symmetriebedingungen nicht erfüllen, vermittelt die *Vierpoltheorie*. Ihre wesentliche Aufgabe ist es, Formeln für die Berechnung der Ein- und Ausgangsgrößen für alle Arten von Vierpolen bereitzustellen, die Randbedingungen festzulegen, unter denen diese Formeln jeweils gelten, Methoden bereitzustellen, mit denen man die Eigenschaften gegebener Vierpole ermitteln kann (Analyse) und mit denen man Vierpole mit vorgegebenen Eigenschaften entwerfen und dimensionieren kann (Synthese).

## b) Leitungstheorie

Um eine erste Einführung in die Leitungstheorie zu vermitteln, wird im folgenden kurz auf die elektrischen Eigenschaften einer aus zwei parallelen Leitern aufgebauten Leitung (homogene symmetrische Doppelleitung) eingegangen.

Wird eine solche Leitung von Strom durchflossen (Bild 9.9), dann bildet sich um die beiden Leiter ein magnetisches Feld, zwischen den beiden Leitern ein elektrisches Feld aus. Der Energietransport erfolgt in Richtung des vektoriellen Produktes zwischen elektrischem und magnetischem Feld (Poyntingscher Vektor).

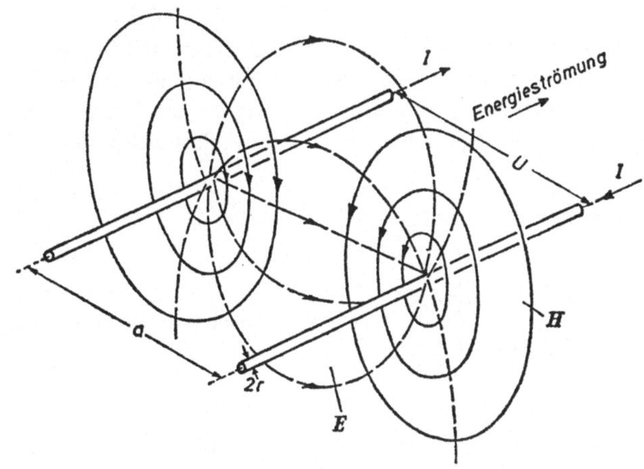


Bild 9.9  Die symmetrische Doppelleitung als Speicher für elektrische und magnetische Energie.

Die Speicherfähigkeit für magnetische Energie je Längeneinheit einer homogenen Doppelleitung wird durch den Induktivitätsbelag $L'$, die Speicherfähigkeit für elektrische Energie je Längeneinheit durch den Kapazitätsbelag $C'$ beschrieben. Sofern der Abstand $a$ der beiden Leiter groß gegen ihren Durchmesser $2r$ ist, gilt

$$L' \approx (\mu/\pi) \ln (a/r)$$
$$C' \approx \frac{\varepsilon \pi}{\ln (a/r)} \qquad a \gg r.$$

Um die elektrischen Eigenschaften einer Leitung mit Hilfe der Methoden der Vierpoltheorie beschreiben zu können, betrachtet man ein kurzes Leitungsstück der Länge $\Delta x$. Berücksichtigt man die Stromwärmeverluste in den Leitern und die dielektrischen Verluste in dem Raum zwischen den Leitern, dann kann man einen solchen kurzen Leitungsabschnitt im Leerlauffall als einen verlustbehafteten Kondensator, im Kurzschlußfall als eine verlustbehaftete Induktivität auffassen.

Unter den vielen möglichen Ersatzbildern zur Beschreibung verlustbehafteter Energiespeicher eignen sich hier für den magnetischen Energiespeicher besonders die Reihenschaltung einer Induktivität mit einem Wirkwiderstand, für den elektrischen Energiespeicher die Parallelschaltung einer Kapazität mit einem Wirkleitwert. Damit gewinnt man das in Bild 9.10 enthaltene Ersatzbild eines kleinen Leitungsstückes der Länge $\Delta x$. $R'$ repräsentiert den Widerstand je Längeneinheit der beiden Leiter und wird Widerstandsbelag genannt, $G'$ repräsentiert die dielektrischen Verluste je Längeneinheit und wird Ableitungsbelag genannt[1].

Es sei schon an dieser Stelle ausdrücklich darauf hingewiesen, daß die Elemente der Ersatzschaltung zwar recht gut dafür geeignet sind, die elektrischen Eigenschaften einer Leitung zu beschreiben, daß man sie aber nicht als reale Elemente eines Netzwerkes auffassen darf.

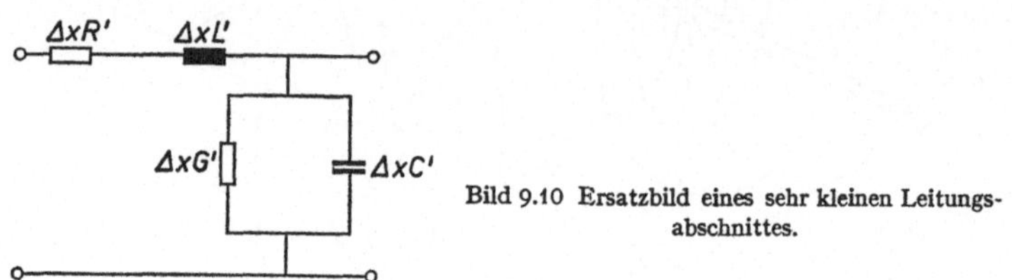


Bild 9.10  Ersatzbild eines sehr kleinen Leitungsabschnittes.

Macht man das Leitungsstück sehr kurz, läßt also $\Delta x \to 0$ gehen, dann wird der Widerstand des Längszweiges $\Delta x (R' + j\omega L')$ sehr klein gegen den Widerstand des Querzweiges $1/[\Delta x (G' + j\omega C')]$. Berücksichtigt man, daß bei Reihenschaltungen sehr kleine Widerstände gegen sehr große Widerstände und bei Parallelschaltungen sehr große Widerstände gegen sehr kleine Widerstände vernachlässigt werden können, dann findet man aus dem Ersatzbild unter Verwendung der auf Seite 88 aufgeführten Beziehungen für kern- und torsymmetrische Vierpole aus dem geometrischen Mittel von Leerlauf- und Kurzschlußwiderstand den Wellenwiderstand

$$Z_\mathrm{W} = \sqrt{Z_\mathrm{L} Z_\mathrm{K}} = \sqrt{\frac{R' + j\omega L'}{G' + j\omega C'}}.$$

Um das Wellendämpfungsmaß zu erhalten, sind zwei Überlegungen notwendig, um zu zeigen, daß das an sich unsymmetrische Ersatzbild des kleinen Leitungsstückes $\Delta x$ im Sinne der Vierpoltheorie als kern- und torsymmetrisch aufgefaßt werden kann.

Speist man den Ersatzvierpol von dem linken Klemmenpaar aus, dann findet man für
das Leerlaufspannungsverhältnis

$$A_{11} = 1 + (\Delta x)^2 (R' + j\omega L') (G' + j\omega C'),$$

das Kurzschlußstromverhältnis

$$A_{22} = 1.$$

---

[1] Bei hohen Frequenzen können zusätzliche Verluste durch Energieabstrahlung entstehen. Diese sind in dem Ersatzbild 9.10 nicht berücksichtigt.

Beide sind also in diesem Fall nicht gleich. Wie die Vierpoltheorie zeigt, wird in diesem Fall das arithmetische Mittel von $e^{g_w}$ und $e^{-g_w}$ gleich dem geometrischen Mittel von Leerlaufspannungs- und Kurzschlußstromverhältnis

$$\cosh g_w = \sqrt{A_{11} A_{22}} \,.$$

Wenn man berücksichtigt, daß für sehr kleine Werte von $\delta$

$$\left. \sqrt{1(1 + \delta)} \approx 1 + \delta/2 \right|_{\delta \to 0}$$

ist, dann wird

$$\left. \cosh g_w \approx 1 + \frac{(\Delta x)^2}{2} (R' + j\omega L') (G' + j\omega C') \right|_{\Delta x \to 0}.$$

Berücksichtigt man ferner, daß für sehr kleine Werte von $\delta$

$$\left. \cosh \delta \approx 1 + \delta^2/2 \right|_{\delta \to 0}$$

wird, dann findet man für das vom linken Klemmenpaar aus gespeiste Ersatzbild

$$\left. g_w \approx \Delta x \sqrt{(R' + j\omega L') (G' + j\omega C')} \right|_{\Delta x \to 0}.$$

Das gleiche Ergebnis findet man nun auch, wenn man den Ersatzvierpol von dem rechten Klemmenpaar aus speist. Hier wird

das Kurzschlußstromverhältnis

$$= 1 + (\Delta x)^2 (R' + j\omega L') (G' + j\omega C'),$$

das Leerlaufspannungsverhältnis

$$= 1$$

und mit den obenstehenden Überlegungen für sehr kleine $\Delta x$ wiederum

$$\left. g_w \approx \Delta x \sqrt{(R' + j\omega L') (G' + j\omega C')} \right|_{\Delta x \to 0}.$$

Für den Grenzübergang $\Delta x \to 0$ sind also Wellenwiderstand und Wellendämpfungsmaß unabhängig von der Betriebsrichtung; in diesem Falle erfüllt das Ersatzbild des sehr kleinen Leitungsabschnittes die Bedingungen der Kern- und Torsymmetrie.

Betrachtet man eine Leitung der Länge $x$ als Kettenschaltung von $n$ gleichartigen kleinen Ersatzvierpolen der Länge $\Delta x$, dann ist

$$\left. x = n \, \Delta x \right|_{\substack{n \to \infty \\ \Delta x \to 0}}.$$

Das Wellendämpfungsmaß der Gesamtleitung ist $n$-mal größer als das des Einzelvierpols. Für die praktische Kennzeichnung einer Leitung ist es günstiger, nicht von dem Wellendämpfungsmaß des Einzelvierpols auszugehen, sondern das auf die Längeneinheit bezogene Wellendämpfungsmaß $\gamma_W$ anzugeben:

$$\gamma_W = n g_W / \varkappa = \sqrt{(R' + j\omega L')(G' + j\omega C')}.$$

Das auf die Längeneinheit bezogene Wellendämpfungsmaß $\gamma_W$ wird in der Literatur auch komplexe Fortpflanzungskonstante genannt. Wählt man als praktische Längeneinheit das Kilometer, dann ergibt die Zerlegung in Real- und Imaginärteil[1]

$$\gamma_W = \alpha_W + j\beta_W$$

den Dämpfungsbelag $\alpha_W$ in Np/km und den Phasenbelag $\beta_W$ in Radiant/km (1 rad $\approx$ 57,3°).

Der Wellenwiderstand $Z_W$ und das auf die Längeneinheit bezogene Wellendämpfungsmaß $\gamma_W$ einer homogenen Leitung wurden im vorstehenden mit den Hilfsmitteln der Vierpoltheorie abgeleitet. Der konsequent beigefügte Index w soll stets daran erinnern, daß sich die Aussagen dieser beiden Wellenparameter nur auf ein kern- und torsymmetrisches System beziehen, das mit dem Wellenwiderstand abgeschlossen ist.

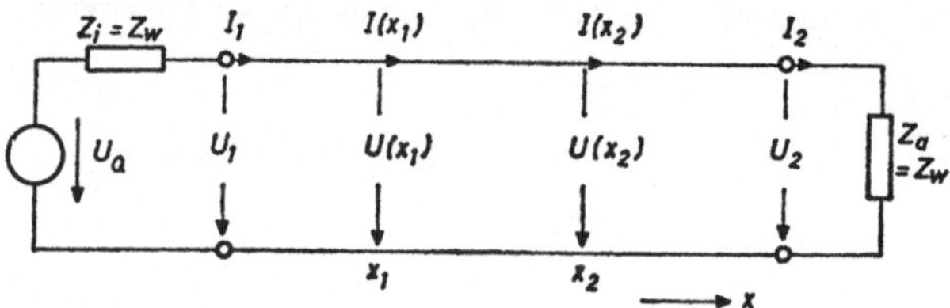

Bild 9.11 Spannungen und Ströme einer mit dem Wellenwiderstand abgeschlossenen homogenen Leitung.

Im Falle der homogenen Leitung bedeutet das, daß sich dann und nur dann die Energie in Form einer nur in einer Richtung fortschreitenden Welle vom Anfang zum Ende der Leitung fortpflanzt. Dann und nur dann gilt, daß an jeder Stelle der Leitung das Verhältnis der Spannung zum Strom gleich dem Wellenwiderstand und der Logarithmus des Verhältnisses der Spannungen und der Ströme an zwei verschiedenen Stellen der Leitung gleich dem Wellendämpfungsmaß des

---

[1] In der deutschsprachigen Literatur wurden bis 1953 die Buchstaben $\alpha$ und $\beta$ im umgekehrten Sinne benutzt:

$$\begin{aligned}\beta_W &= \text{Dämpfungsbelag} \\ \alpha_W &= \text{Phasenbelag}\end{aligned} \quad \text{bis 1953.}$$

dazwischenliegenden Leitungsabschnitts ist. Mit den Bezeichnungen von Bild 9.11 gilt dann

$$U_1/I_1 = U(x_1)/I(x_1) = U(x_2)/I(x_2) = U_2/I_2 = Z_\mathrm{W}$$

$$\ln[U(x_1)/U(x_2)] = \ln[I(x_1)/I(x_2)] = (x_2 - x_1)\gamma_\mathrm{W} \quad \Big|_{Z_\mathrm{a} = Z_\mathrm{W}}.$$

Diese Zusammenhänge begründeten ursprünglich die Einführung der Begriffe Wellenwiderstand und Wellendämpfungsmaß.

Wird über eine Leitung Energie um ihrer selbst willen übertragen (Starkstromtechnik), dann interessiert vor allem das Verhalten bei veränderlicher Belastung, aber Speisung mit konstanter Frequenz. Sollen dagegen über eine Leitung Signale übertragen werden, interessiert vor allem die Frequenzabhängigkeit der Leitungseigenschaften bei konstanter Belastung.

Die Frequenzabhängigkeit der Wellenparameter läßt sich an Hand des Ersatzbildes (Bild 9.10) diskutieren, wenn man berücksichtigt, daß die Elemente dieses Ersatzbildes ebenfalls frequenzabhängig sein können. Dies gilt vor allem für den Ableitungsbelag $G'$, der die dielektrischen Verluste repräsentiert. Seine Größe wächst in erster Näherung proportional mit der Frequenz an. Bei den praktisch im Leitungs- und Kabelbau verwendeten Dielektrika kann man $G'$ gegen $j\omega C'$ weitgehend vernachlässigen.

Wenn man die übrigen Elemente des Ersatzbildes in erster Näherung als frequenzunabhängig ansieht, dann lassen sich rein qualitativ zwei Frequenzbereiche unterscheiden:

a) tiefe Frequenzen, bei denen $j\omega L'$ gegenüber $R'$ vernachlässigt werden kann,

b) hohe Frequenzen, bei denen $R'$ gegenüber $j\omega L'$ vernachlässigt werden kann.

Die Näherungsformeln für die Wellenparameter in diesen beiden Frequenzbereichen sind:

| „Tiefe" Frequenzen: | „Hohe" Frequenzen: |
|---|---|
| $R' \gg \omega L'$, | $R' \ll \omega L'$, |
| $G' \ll \omega C'$. | $G' \ll \omega C'$. |
| $Z_\mathrm{W} \approx \sqrt{R'/(j\omega C')} =$ | $Z_\mathrm{W} \approx \sqrt{L'/C'}$ |
| $= \sqrt{R'/(\omega C')}\ e^{-j45°}$ | (reell, frequenzunabhängig), |
| (komplex, kapazitiv), | |
| $\gamma_\mathrm{W} \approx \sqrt{j\omega C'R'} =$ | $\gamma_\mathrm{W} \approx j\omega\sqrt{L'C'}$, |
| $= (1+j)\sqrt{\omega C'R'/2}$ , | |
| $\alpha_\mathrm{W} \approx \sqrt{\omega C'R'/2}$ $\Big\}$ prop. $\sqrt{\omega}$ . | $\alpha_\mathrm{W} = ?$, |
| $\beta_\mathrm{W} \approx \sqrt{\omega C'R'/2}$ | $\beta_\mathrm{W} \approx \omega\sqrt{C'L'}$ prop. $\omega$. |

Die Abschätzung im Bereich hoher Frequenzen geht von der Vorstellung aus, daß die Blindwiderstände so groß sind, daß demgegenüber die Verlustwiderstände vernachlässigbar werden. Daraus ergibt sich ein imaginäres Wellendämpfungsmaß, das nur eine Aussage über den Phasenbelag zuläßt.

Um auch die Dämpfung des Ersatzvierpols bei hohen Frequenzen abschätzen zu können, kann man beispielsweise die Eingangs- und Ausgangswirkleistung miteinander vergleichen.

$$\left. P_{1\mathrm{W}}/P_{2\mathrm{W}} = U_{1\mathrm{eff}}^2/U_{2\mathrm{eff}}^2 = I_{1\mathrm{eff}}^2/I_{2\mathrm{eff}}^2 = e^{2\Delta x \alpha_{\mathrm{w}}} \right|_{Z_{\mathrm{W}} = \sqrt{L'/C'} = R_{\mathrm{W}}}.$$

Die Ausgangsleistung ist um die Verlustleistung $P_{\mathrm{v}}$ kleiner als die Eingangsleistung

$$P_{2\mathrm{W}} = P_{1\mathrm{W}} - P_{\mathrm{v}},$$

und wir können schreiben

$$1 - P_{\mathrm{v}}/P_{1\mathrm{W}} = e^{-2\Delta x \alpha_{\mathrm{w}}}.$$

Die Verlustleistung ist

$$\left. P_{\mathrm{v}} \approx \Delta x (I_{1\mathrm{eff}}^2 R' + U_{1\mathrm{eff}}^2 G') \right|_{\Delta x \to 0}.$$

Sie verhält sich zur Eingangsleistung

$$P_{\mathrm{v}}/P_{1\mathrm{W}} = \Delta x \, (R' \, I_{1\mathrm{eff}}/U_{1\mathrm{eff}} + G' \, U_{1\mathrm{eff}}/I_{1\mathrm{eff}}),$$

und mit

$$U_1/I_1 = Z_{\mathrm{W}} = \sqrt{L'/C'} = R_{\mathrm{W}} = U_{1\mathrm{eff}}/I_{1\mathrm{eff}}$$

wird

$$P_{\mathrm{v}}/P_{1\mathrm{W}} = \Delta x \left( R' \sqrt{C'/L'} + G' \sqrt{L'/C'} \right);$$

da für sehr kleine Werte von $\delta$

$$\left. e^{-2\delta} \approx 1 - 2\delta \right|_{\delta \to 0},$$

gilt für den Grenzübergang $\Delta x \to 0$ für das auf die Längeneinheit bezogene Wellendämpfungsmaß bei hohen Frequenzen

$$\left. \alpha_{\mathrm{W max}} = \left( R' \sqrt{C'/L'} + G' \sqrt{L'/C'} \right)/2 \right|_{\substack{\omega L' \gg R' \\ \omega C' \gg G'}}.$$

In Bild 9.12 ist der Verlauf des Wellenwiderstandes und des komplexen Wellendämpfungsmaßes über der Frequenz aufgetragen. Auch an dieser Stelle sei noch einmal daran erinnert, daß die Wellenparameter nur dann eine direkte Aussage über Spannungen und Ströme an und auf einer homogenen Leitung erlauben, wenn die Leitung mit ihrem

Wellenwiderstand abgeschlossen ist. Welche absoluten Frequenzen zu diesen Kurven gehören, hängt von dem praktischen Aufbau der Leitungen ab. Bei dickdrähtigen Freileitungen mit großem Abstand der beiden Leiter, also großem Induktivitätsbelag und kleinem Widerstandsbelag, wird der Bereich $j\omega L' \gg R'$ schon unterhalb 100 Hz erreicht, bei dünndrähtigen Kabeln erst bei einigen kHz.

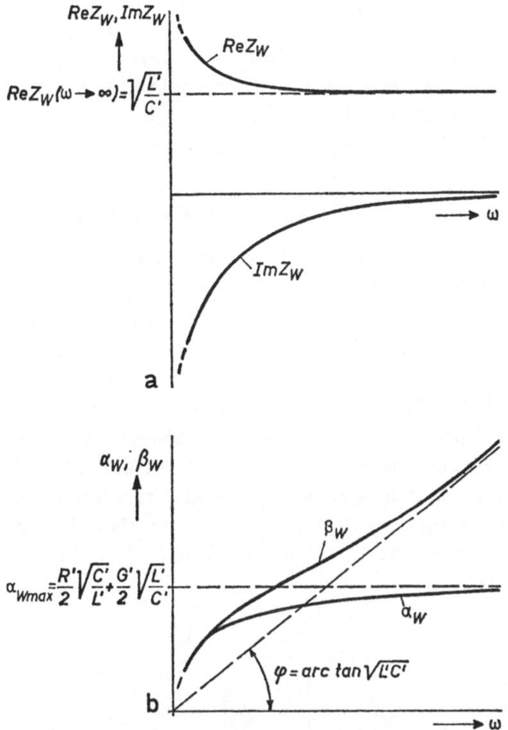


Bild 9.12 Abhängigkeit des Wellenwiderstandes und der Fortpflanzungskonstanten einer homogenen Leitung von der Frequenz.

Wie die Näherungsformeln auf Seite 97 zeigen, wird der Wellenwiderstand der Leitung bei hohen Frequenzen eine reelle Größe

$$Z_W = \sqrt{L'/C'}.$$

Mit den Formeln über den Induktivitätsbelag und den Kapazitätsbelag einer homogenen Leitung auf Seite 93 ergibt sich für den Bereich hoher Frequenzen

$$Z_W \approx (1/\pi)\,\sqrt{\mu/\varepsilon}\,\ln\,(a/r)\,\big|_{a\ll r}.$$

7*

Der Wellenwiderstand des Vakuums (Verhältnis der elektrischen Feldstärke zur magnetischen Feldstärke in einer ebenen Welle) ist

$$Z_{\mathrm{W0}} = \sqrt{\mu_0/\varepsilon_0} = 377\,\Omega.$$

Für Fernsprechleitungen üblicher Bauart findet man

$$\ln\,(a/r) \approx 5$$

und damit einen Wellenwiderstand (Verhältnis von Wellenspannung zu Wellenstrom) in der Größenordnung von 600 Ω. Kabel haben meist einen kleineren Wellenwiderstand, z. B. symmetrische Trägerfrequenzkabel in der Größenordnung von 150 Ω, koaxiale Kabel von 75 Ω.

### c) Der Anpassungsübertrager

Im Bereich der Nachrichtenübertragungstechnik besteht häufig der Wunsch, einzelne Glieder eines zusammengesetzten Übertragungssystems so zusammenzuschalten, daß die Bedingungen der Leistungsanpassung erfüllt sind (Anhang A 2). Diese Forderung kann nicht immer dadurch erfüllt werden, daß man die entsprechenden Widerstandswerte der Teilglieder direkt einander gleich macht. So kann zum Beispiel auf Grund der geometrischen Abmessungen der Wellenwiderstand einer Freileitung nicht ohne weiteres gleich dem Wellenwiderstand eines Kabels gemacht werden. Wenn in solchen Fällen trotzdem Leistungsanpassung gefordert wird, muß zwischen die Systeme mit verschiedenen Wellenwiderständen ein Glied zur Widerstandstransformation eingeschaltet werden.

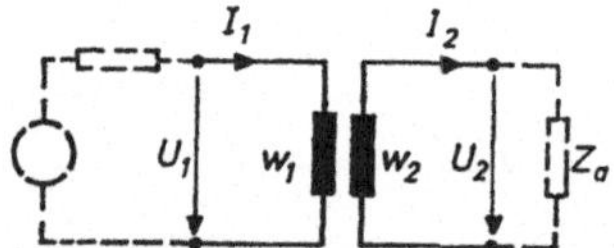


Bild 9.13 Eigenschaften eines idealen Übertragers: 1. keine Wicklungsverluste, 2. keine Ummagnetisierungsverluste, 3. keine Streuung, 4. unendlich große Kernpermeabilität.

$|U_1|/|U_2| = w_1/w_2,\ \ |I_1|/|I_2| = w_2/w_1,\ \ |Z_1| = |U_1|/|I_1| = (w_1/w_2)^2\,|U_2|/|I_2| = (w_1/w_2)^2\,|Z_a|.$

Als Beispiel für ein Schaltungselement, das die Aufgabe der Widerstandstransformation zu erfüllen vermag, wird hier der Transformator in seiner Verwendung als Anpassungsübertrager kurz behandelt.

Ein solcher Übertrager hat im Idealfall die in Bild 9.13 gezeigten Eigenschaften.

Ein realer Übertrager unterscheidet sich von diesem idealen Übertrager dadurch, daß nicht der ganze von der Primärwicklung erzeugte Fluß auch die Sekundärwicklung durchsetzt (Streuung), daß der magnetische Leitwert des Kernes nicht unendlich groß ist (endliche

Hauptinduktivität) und daß in den Wicklungen und dem Eisenkern Verluste auftreten können. Das Verhalten eines solchen realen Übertragers läßt sich mit Hilfe von Ersatzbildern beschreiben, von denen Bild 9.14 ein mögliches Beispiel zeigt.

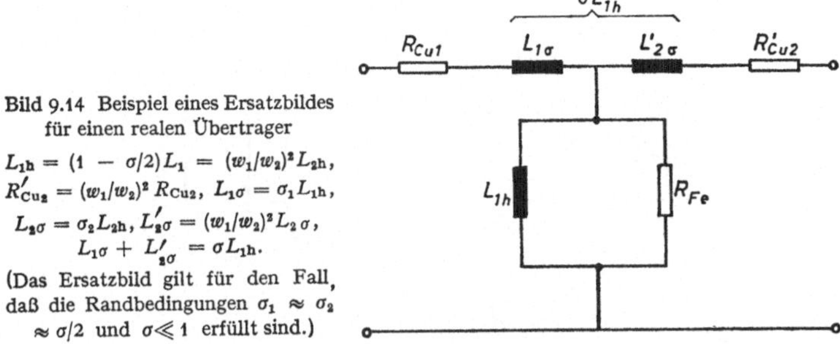


Bild 9.14 Beispiel eines Ersatzbildes für einen realen Übertrager

$$L_{1h} = (1 - \sigma/2)\,L_1 = (w_1/w_2)^2 L_{2h},$$
$$R'_{Cu2} = (w_1/w_2)^2\, R_{Cu2}, \quad L_{1\sigma} = \sigma_1 L_{1h},$$
$$L_{2\sigma} = \sigma_2 L_{2h}, \quad L'_{2\sigma} = (w_1/w_2)^2 L_{2\sigma},$$
$$L_{1\sigma} + L'_{2\sigma} = \sigma L_{1h}.$$

(Das Ersatzbild gilt für den Fall, daß die Randbedingungen $\sigma_1 \approx \sigma_2 \approx \sigma/2$ und $\sigma \ll 1$ erfüllt sind.)

In der Starkstromtechnik interessiert meist das Verhalten eines solchen Übertragers (Transformator) bei konstanter Frequenz, aber verschiedener Belastung. Im Gegensatz dazu ist für die Nachrichtentechnik die Frage von Bedeutung, wie sich die Anpassungseigenschaften eines Übertragers in Abhängigkeit von der Frequenz bei konstanter Belastung ändern. Diese Frage soll im folgenden etwas näher untersucht werden, und zwar für den speziellen Fall eines Betriebes zwischen reellen Widerständen.

Ein Übertrager ist ein Vierpol, der kernsymmetrisch ist, für den aber die Bedingung der Torsymmetrie nicht erfüllt ist, wenn $w_1 \neq w_2$ ist. Zur Beschreibung seiner Eigenschaften sind also die Wellenparameter nicht geeignet. Hinzu kommt, daß Anpassungsübertrager — im Sinne der Vierpoltheorie — nicht in Wellenanpassung betrieben werden. Für solche Fälle wird an Stelle des Wellendämpfungsmaßes $a_W$ das Betriebsdämpfungsmaß $a_B$ definiert (Bild 9.15).

Mit Hilfe des Betriebsdämpfungsmaßes läßt sich nun das Verhalten des Anpassungsübertragers in Abhängigkeit von der Frequenz wie folgt abschätzen:

1. Bei Vernachlässigung der Verluste wirkt im Bereich tiefer Frequenzen die Hauptinduktivität als Nebenschluß parallel zu dem Abschlußwiderstand. Für diesen Fall ergibt sich das vereinfachte Ersatzbild 9.16.

2. Bei Vernachlässigung der Verluste wirkt im Bereich hoher Frequenzen die Streuinduktivität als Vorwiderstand in Reihe mit dem Abschlußwiderstand. Für diesen Fall ergibt sich das vereinfachte Ersatzbild 9.17.

3. Sollen auch die Verluste berücksichtigt werden, kann man die Wicklungsverluste durch einen Widerstand $R_{Cu}$ in Reihe und die Um-

magnetisierungsverluste durch einen Widerstand $R_{\mathrm{Fe}}$ parallel zu dem Abschlußwiderstand beschreiben. Unter der Annahme, daß $R_{\mathrm{Cu}} < R_{\mathrm{a}}'$ und $R_{\mathrm{Fe}} > R_{\mathrm{a}}'$ ist, ergibt sich eine zusätzliche Betriebsdämpfung in der Größe

$$a_{\mathrm{B}} = (R_{\mathrm{Cu}}/R_{\mathrm{a}}' + R_{\mathrm{a}}'/R_{\mathrm{Fe}})/2.$$

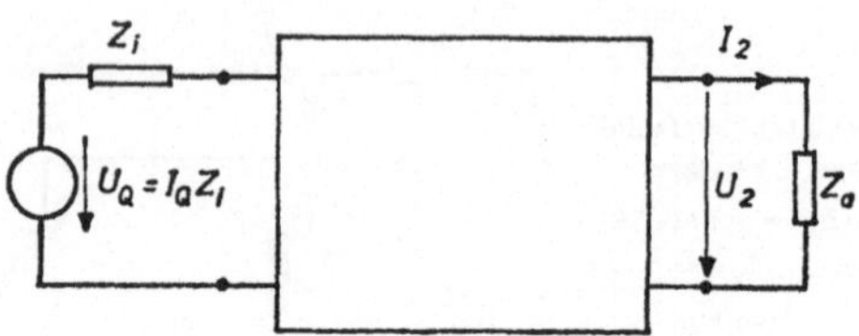

Bild 9.15  Zur Definition der Betriebsdämpfung.

$$\sqrt{\frac{|U_{\mathrm{Q}}|/2}{|U_{2}|} \cdot \frac{|I_{\mathrm{Q}}|/2}{|I_{2}|}} = e^{a_{\mathrm{B}}},$$

$$a_{\mathrm{B}} = \frac{1}{2} \ln \left( \frac{|U_{\mathrm{Q}}|/2}{|U_{2}|} \cdot \frac{|I_{\mathrm{Q}}|/2}{|I_{2}|} \right) = \ln \frac{|U_{\mathrm{Q}}|/2}{|U_{2}|} \sqrt{\frac{|Z_{\mathrm{a}}|}{|Z_{1}|}}.$$

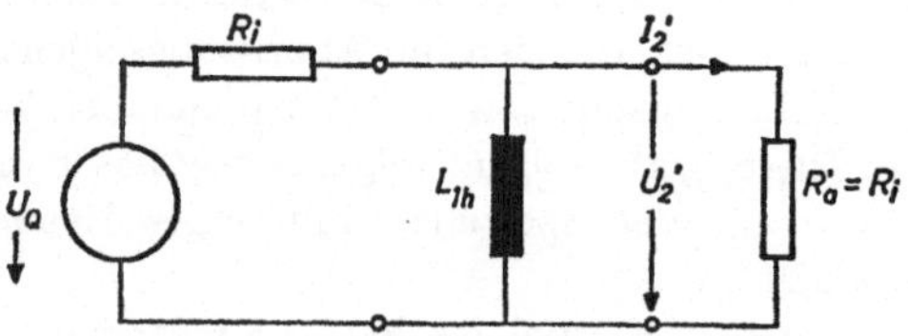

Bild 9.16  Vereinfachtes Ersatzbild eines verlustlosen Übertragers bei tiefen Frequenzen.

$$a_{\mathrm{B}} = \frac{1}{2} \ln \left[ 1 + \frac{1}{4} \left( \frac{R_{\mathrm{a}}'}{\omega L_{\mathrm{1h}}} \right)^{2} \right].$$

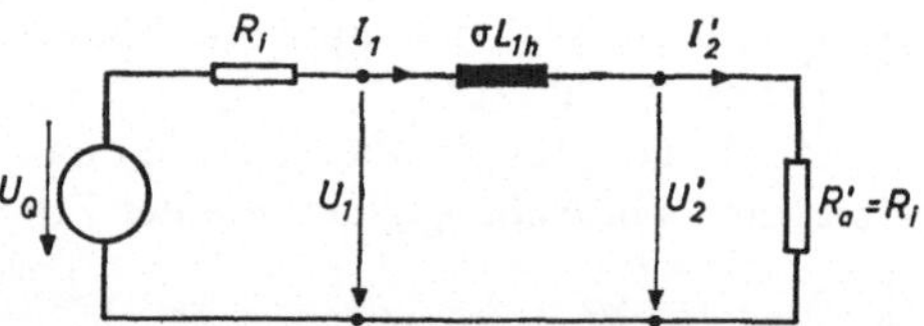

Bild 9.17  Vereinfachtes Ersatzbild eines verlustlosen Übertragers bei hohen Frequenzen.

$$a_{\mathrm{B}} = \frac{1}{2} \ln \left[ 1 + \frac{1}{4} \left( \frac{\omega \sigma L_{\mathrm{1h}}}{R_{\mathrm{a}}'} \right)^{2} \right].$$

Bild 9.18 zeigt den Verlauf der Betriebsdämpfung eines zwischen reellen Widerständen betriebenen Anpassungsübertragers ohne und mit Berücksichtigung der Verluste.

Wie Bild 9.18 leicht erkennen läßt, erfüllt ein Anpassungsübertrager seine Aufgabe nur in einem begrenzten Frequenzbereich. In der Literatur haben sich zwei verschiedene Definitionen für die Frequenzen eingebürgert, durch die der Übertragungsbereich nach unten und oben begrenzt ist:

| | Untere Grenzfrequenz | Obere Grenzfrequenz | Betriebs- dämpfung |
|---|---|---|---|
| Definition 1 | $\omega_1 L_{1h} = R_a'$ | $\omega_2 \sigma L_{1h} = R_a'$ | $0,111\,\mathrm{Np} = 0,964\,\mathrm{dB}$ |
| Definition 2 | $\omega_1 L_{1h} = \dfrac{R_i R_a'}{R_i + R_a'} = \dfrac{R_a'}{2}$ | $\omega_2 \sigma L_{1h} = R_i + R_a' = 2R_a'$ | $0,346\,\mathrm{Np} = 3\,\mathrm{dB}$ |

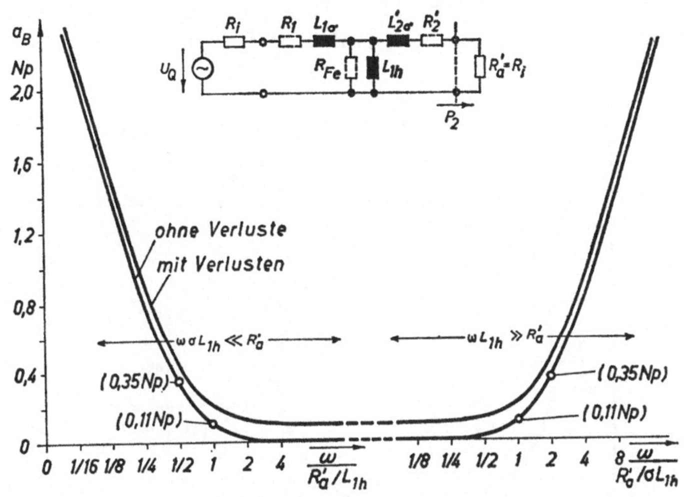


Bild 9.18 Abhängigkeit der Betriebsdämpfung eines Übertragers von der Frequenz.

Benutzt man Definition 1, dann wird das Verhältnis der Grenzfrequenzen der Streuung umgekehrt proportional:

$$\omega_2/\omega_1 = 1/\sigma.$$

Ein Übertrager ist ein kernsymmetrischer, aber kein torsymmetrischer Vierpol. Seine Eigenschaften müssen daher durch drei Angaben beschreibbar sein. Bei Vernachlässigung der Verluste eignen sich dafür

die Hauptinduktivität $L_{1h}$,

die Streuung $\sigma$,

das Windungszahlverhältnis $w_1/w_2$.

Bei genauer Betrachtungsweise müssen auch die Verluste und gegebenenfalls die Wicklungskapazitäten berücksichtigt werden. Faßt man diese Kapazitäten in einen gemeinsamen elektrischen Energiespeicher $C_\mathrm{W}$ zusammen, dann sind zwei Resonanzen möglich:

Parallel-(Haupt-)Resonanz $\qquad \omega_0 = 1/\sqrt{L_{1\mathrm{h}}\,C_\mathrm{W}}$,

Reihen-(Streu-)Resonanz $\qquad \omega_\sigma = 1/\sqrt{\sigma L_{1\mathrm{h}}\,C_\mathrm{W}}$.

Sie stehen zueinander im Verhältnis

$$\omega_\sigma/\omega_0 = 1/\sqrt{\sigma}\,.$$

Der Einfluß dieser Resonanzen macht sich vor allem bei einem leerlaufenden Übertrager bemerkbar. Bild 9.19 zeigt die Ortskurve des Eingangswiderstandes eines leerlaufenden Übertragers. Da sie auch die

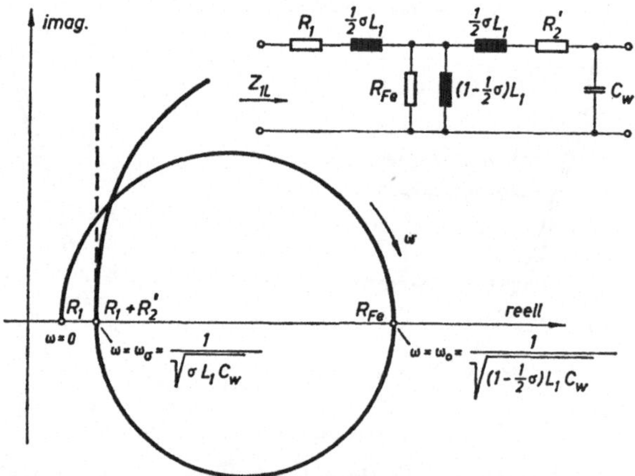


Bild 9.19 Ortskurve des Eingangsscheinwiderstandes eines leerlaufenden Übertragers bei Berücksichtigung der Wicklungskapazitäten.

$$\left(\frac{\omega_\sigma}{\omega_0} = \frac{1}{\sqrt{\sigma}}\right)_{\substack{\sigma_1=\sigma_2=\sigma/2 \\ \sigma\ll 1}}.$$

Größe der Verluste erkennen läßt, kann sie neben der Angabe der Streuung und des Windungszahlverhältnisses als dritte Kennzeichnung eines Anpassungsübertragers benutzt werden, wenn auch der Einfluß der Verluste und der Wicklungskapazität berücksichtigt werden soll.

# 10. Einfluß der Übertragungssysteme auf die Signale

Während in dem vorangegangenen Kapitel die speziellen elektrischen Eigenschaften von Vierpolen und deren Frequenzabhängigkeit betrachtet wurden, soll nunmehr der Einfluß der Übertragungseigenschaften auf Signale in einer allgemeineren Form behandelt werden (Bild 10.1).

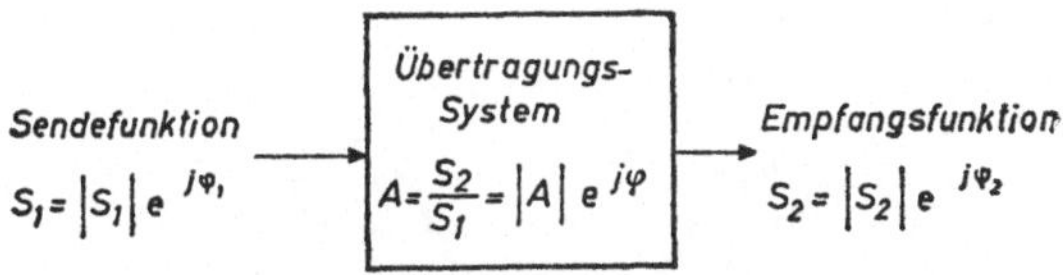


Bild 10.1  Zur Definition des Übertragungsfaktors.
$|A| = |S_2/S_1|, \quad \varphi = \varphi_2 - \varphi_1.$

Legt man an den Eingang eines Übertragungssystems eine sinusförmige Sendefunktion $s_1(t)$ an, findet man am Ausgang eines linearen zeitinvarianten Übertragungssystems im Fall des eingeschwungenen Zustandes eine ebenfalls sinusförmige Empfangsfunktion $s_2(t)$ gleicher Frequenz. Bezeichnet man in komplexer Schreibweise die Sendefunktion mit $S_1$ und die Empfangsfunktion mit $S_2$, dann definiert man für diese Frequenz den komplexen Übertragungsfaktor[1] als das Verhältnis

$$A = S_2/S_1.$$

Sende- und Empfangsfunktion brauchen physikalisch gesehen nicht gleicher Art zu sein; die Sendefunktion kann beispielsweise die Schallschwingung vor der Membran eines Mikrophons, die Empfangsfunktion die elektrische Ausgangsspannung dieses Mikrophons sein; genau so gut kann der Übertragungsfaktor aber auch Spannungen oder Ströme am Eingang und Ausgang eines elektrischen Vierpols zueinander in Beziehung setzen.

Der — im allgemeinen frequenzabhängige — komplexe Übertragungsfaktor wird in Betrag und Phase aufgespalten:

---

[1] In der Literatur wurde bisher bei der Benennung von Quotienten aus Eingangs- und Ausgangsgrößen meist nicht unterschieden, ob das Verhältnis einer Eingangs- zu einer Ausgangsgröße oder das Verhältnis einer Ausgangs- zu einer Eingangsgröße gebildet werden soll. In Übereinstimmung mit den Empfehlungen des AEF (DIN 40 148) werden in diesem Buch im ersteren Fall Benennungen mit dem Wort Dämpfung [z. B. komplexes Dämpfungsmaß $\ln (U_1/U_2)$] benutzt, im zweiten Fall Benennungen mit dem Wort Übertragung (z. B. komplexer Übertragungsfaktor $S_2/S_1$).

$$A = |A|\, e^{j\varphi}$$

mit

$|A|$  Amplitudenfaktor,

$\varphi$   Übertragungswinkel.

Der Einfluß, den ein System mit dem Übertragungsfaktor $A$ auf eine sinusförmige Sendefunktion hat, ist in Bild 10.2 im Zeitbereich dargestellt.

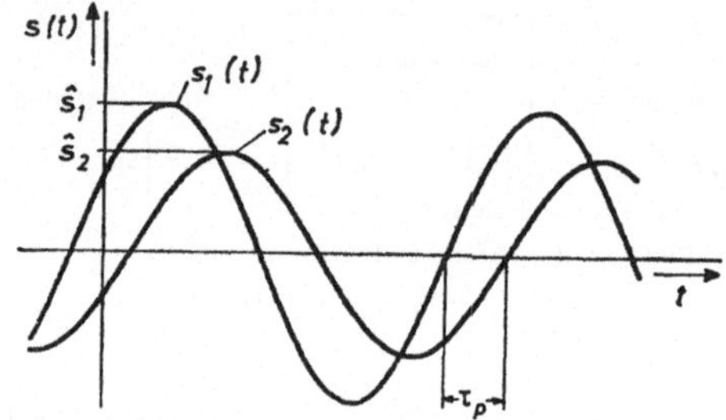


Bild 10.2 Erläuterung des Übertragungsfaktors an dem Beispiel der Übertragung einer sinusförmigen Zeitfunktion.

$$s_1(t) = \hat{s}_1 \cdot \sin(\omega_1 t + \varphi_1),$$
$$s_2(t) = \hat{s}_2 \cdot \sin(\omega_1 t + \varphi_2) = \hat{s}_1 \cdot |A(\omega_1)| \sin(\omega_1 t + \varphi_2),$$
$$\text{Phasenlaufzeit } \tau = \varphi/\omega, \quad |A| = \hat{s}_2/\hat{s}_1, \quad \varphi = \varphi_2 - \varphi_1.$$

Die Amplitude der Empfangsschwingung ist entsprechend dem Amplitudenfaktor $|A|$ kleiner (oder — bei Verstärkern — größer) als die Amplitude der Sendeschwingung. Außerdem ist die Empfangsschwingung gegenüber der Sendeschwingung zeitlich um die Phasenlaufzeit $\tau_\mathrm{P}$ verschoben. Für die Phasenlaufzeit gilt die Beziehung

$$\tau_\mathrm{P} = \varphi/\omega.$$

Da eine einfache sinusförmige Schwingung nicht als Signal einer Nachrichtenübertragung dienen kann, Signale vielmehr stets Zeitfunktionen mit einem mehr oder weniger vielfältigen Frequenzspektrum sind, genügt es nicht, den Übertragungsfaktor nur für eine diskrete Frequenz zu kennen. Um den Einfluß eines Übertragungssystems auf die Form der übertragenen Signale untersuchen zu können, benötigt man vielmehr die Übertragungsfunktion

$$A(\omega) = |A(\omega)|\, e^{j\varphi(\omega)}$$

oder auch

$$|A(\omega)| \quad \text{und} \quad \tau_\mathrm{P}(\omega).$$

## a) Verzerrungsfreie Übertragungssysteme

Von verzerrungsfreien Übertragungssystemen spricht man, wenn die Übertragungsfunktion folgenden Bedingungen genügt (Bild 10.3):

1. Der Übertragungsfaktor muß unabhängig von der Zeit und der Aussteuerung sein (Linearität des Übertragungssystems).

2. Der Amplitudenfaktor $|A|$ muß unabhängig von der Frequenz sein.

3. Die Phasenlaufzeit $\tau_P$ muß unabhängig von der Frequenz sein; diese Bedingung ist erfüllt, wenn der Übertragungswinkel $\varphi$ proportional mit der Frequenz anwächst.

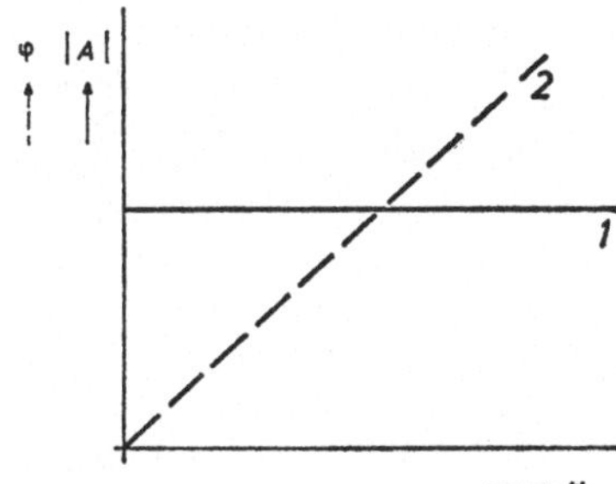

Bild 10.3 Die Übertragungsfunktion eines verzerrungsfreien Systems.
*1* $|A(\omega)|$ = const, *2* $\varphi(\omega)$ prop. $\omega$.

In einem solchen System wird die Form der Signale durch die Übertragung nicht geändert. Das Empfangssignal ist lediglich gegenüber dem Sendesignal um die Laufzeit des Systems zeitlich verschoben und in der Amplitude größer oder kleiner als das Sendesignal, je nachdem, ob das System Verstärkereigenschaften oder eine endliche Dämpfung besitzt.

In realen Systemen sind die Bedingungen der Verzerrungsfreiheit allenfalls in einem begrenzten Aussteuerungs- und Frequenzbereich realisierbar. Im allgemeinen muß man damit rechnen, daß bei realen Systemen die Form der Empfangsfunktion von der Form der Sendefunktion abweicht. Diese Abweichung wird *Verzerrung* genannt. Im folgenden werden zwei wichtige Arten solcher Verzerrungen an einfachen Beispielen behandelt.

## b) Lineare Verzerrungen

Von linearen Verzerrungen spricht man, wenn die Übertragungsfunktion zwar unabhängig von der Aussteuerung ist (lineares System), Amplitudenfaktor und/oder Phasenlaufzeit aber frequenzabhängig sind.

Überwiegt die Frequenzabhängigkeit des Amplitudenfaktors, dann spricht man von einer *Amplituden- oder Dämpfungsverzerrung*. Ein Beispiel zeigt Bild 10.4a. Die Teilschwingung höherer Frequenz ist in der Empfangsfunktion stärker gedämpft als die Grundschwingung.

Überwiegt die Frequenzabhängigkeit der Phasenlaufzeit (Abweichung des Übertragungswinkels von der Frequenzproportionalität), dann spricht man von *Laufzeit- oder Phasenverzerrung*. Bild 10.4b zeigt ein Beispiel; der höherfrequente Anteil der Signalfunktion wird während der Übertragung gegenüber dem tieffrequenten Anteil zeitlich verschoben.

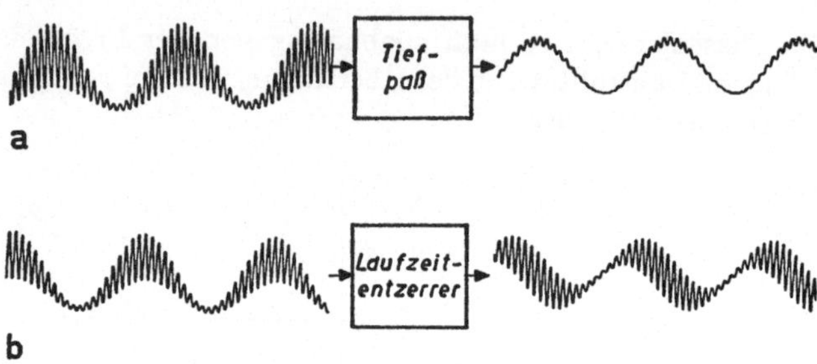


Bild 10.4  Einfache Beispiele linearer Verzerrungen.
a) Dämpfungsverzerrung,  b) Laufzeitverzerrung.

Bei einmaligen Zeitfunktionen, zum Beispiel einfachen Telegraphiesignalen, kann man die linearen Verzerrungen auch durch das Einschwingverhalten der Übertragungssysteme beschreiben. In einem Tiefpaß mit idealisierten Eigenschaften[1] führt beispielsweise der Einschaltvorgang einer Gleichspannung (Sprungfunktion) zu der in Bild 10.5 gezeigten Empfangsfunktion.

Definiert man den Abstand der Schnittpunkte der Tangente an die Anstiegsflanke mit den Ruhewerten vor und nach dem einmaligen Vorgang als Einschwingzeit $\tau_e$, dann gilt für den idealisierten Tiefpaß mit der Grenzfrequenz $f_g$

$$\tau_e = 1/(2 f_g).$$

Bild 10.5 zeigt Beispiele für das Einschwingverhalten einiger angenähert idealer Tiefpässe mit verschiedenen Grenzfrequenzen; als Sendefunktion wurden zwei aufeinanderfolgende Rechteckimpulse gewählt. Die Beispiele zeigen, daß die beiden Impulse der Sendefunktion in der Empfangsfunktion nur unterschieden werden können, wenn die

---

[1] Ein idealer Tiefpaß mit der Grenzfrequenz $f_g$ hat den Amplitudenfaktor $|A| = \text{const}$ in dem Frequenzbereich $0 \leq f \leq f_g$ und $|A| = 0$ für alle Frequenzen $f > f_g$. Für den Übertragungswinkel gilt $\varphi = K \cdot f$ für den Frequenzbereich $0 \leq f \leq f_g$.

Ein realer Tiefpaß kann diese Bedingungen mit endlichem Aufwand nur angenähert erfüllen (idealisierter Tiefpaß).

Dauer der Impulse und ihr zeitlicher Abstand größer oder allenfalls gleich der Einschwingzeit des Tiefpasses ist. Aus diesem Verhalten resultiert der Zusammenhang zwischen Telegraphiergeschwindigkeit und Grenzfrequenz des Übertragungssystems, der in Kapitel 2 behandelt wurde.

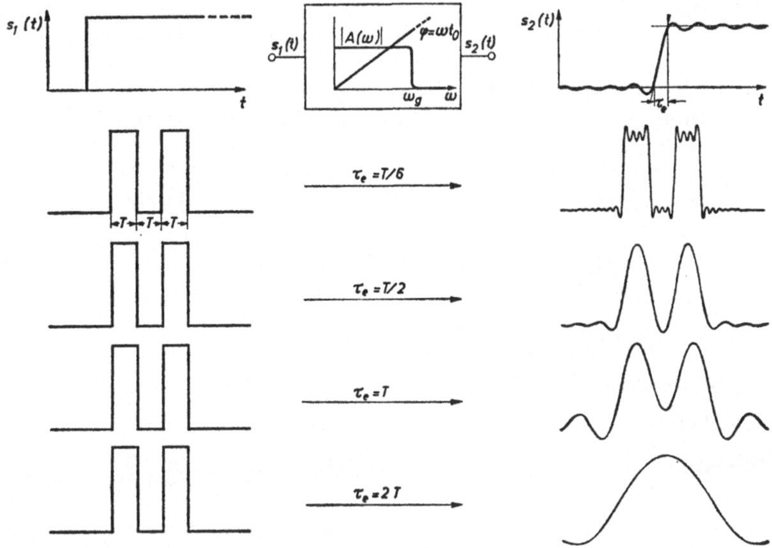


Bild 10.5 Beispiele für das Einschwingverhalten von idealisierten Tiefpässen mit verschiedenen Grenzfrequenzen $f_g = 1/(2\tau_e)$.

## c) Nichtlineare Verzerrungen

Von nichtlinearen Verzerrungen spricht man, wenn die Übertragungsfunktion und insbesondere der Amplitudenfaktor eine Funktion der Aussteuerung ist. Eine solche Abhängigkeit ist zum Beispiel durch nichtlineare Kennlinien von Verstärkerröhren oder Halbleitern oder durch die Magnetisierungskennlinie von ferromagnetischen Werkstoffen gegeben.

Die Auswirkung von nichtlinearen Kennlinien auf Signale betrachtet man zweckmäßig zuerst einmal an einer einfachen sinusförmigen Sendefunktion (Bild 10.6). Das Spektrum der Empfangsfunktion enthält harmonische Teilschwingungen, die in der Sendefunktion nicht enthalten waren[1].

---

[1] Unter harmonischen Teilschwingungen werden Teilschwingungen einer periodischen Zeitfunktion verstanden, deren Frequenzen in einem ganzzahligen Verhältnis zu dem Kehrwert der Periodendauer stehen. Eine periodische Zeitfunktion, deren Augenblickswerte einer sin- oder cos-Funktion der Zeit gehorchen, besteht nur aus einer Grundschwingung. Eine solche Funktion wird in diesem Buch „sinusförmiger Vorgang" genannt.

Für die quantitative Beschreibung solcher durch Nichtlinearitäten verzerrten Zeitfunktionen haben sich folgende Definitionen eingebürgert (siehe auch DIN 40110):

Effektivwert einer periodischen
Zeitfunktion . . . . . . . .
$$S_{\text{eff}} = \sqrt{(1/T) \int_0^T s^2(t)\, \mathrm{d}t},$$

Gleichwert einer periodischen
Zeitfunktion . . . . . . . .
$$\bar{s} = (1/T) \int_0^T s(t)\, \mathrm{d}t,$$

Effektivwert des Wechselanteiles .
$$S_{\sim\text{eff}} = \sqrt{(1/T) \int_0^T [s(t) - s]^2\, \mathrm{d}t},$$

Effektivwerte der harmonischen
Teilschwingungen . . . . . .   $S_{1\text{eff}}, S_{2\text{eff}}, \cdots,$

Schwingungsgehalt . . . . . . .   $S_{\sim\text{eff}}/S_{\text{eff}},$

Grundschwingungsgehalt . . . .   $S_{1\text{eff}}/S_{\text{eff}},$

Welligkeit . . . . . . . . . .   $S_{\sim\text{eff}}/\bar{s},$

Klirrfaktor . . . . . . . . . . .   $\sqrt{S_{2\text{eff}}^2 + S_{3\text{eff}}^2 + S_{4\text{eff}}^2 + \cdots}/S_{\sim\text{eff}}.$

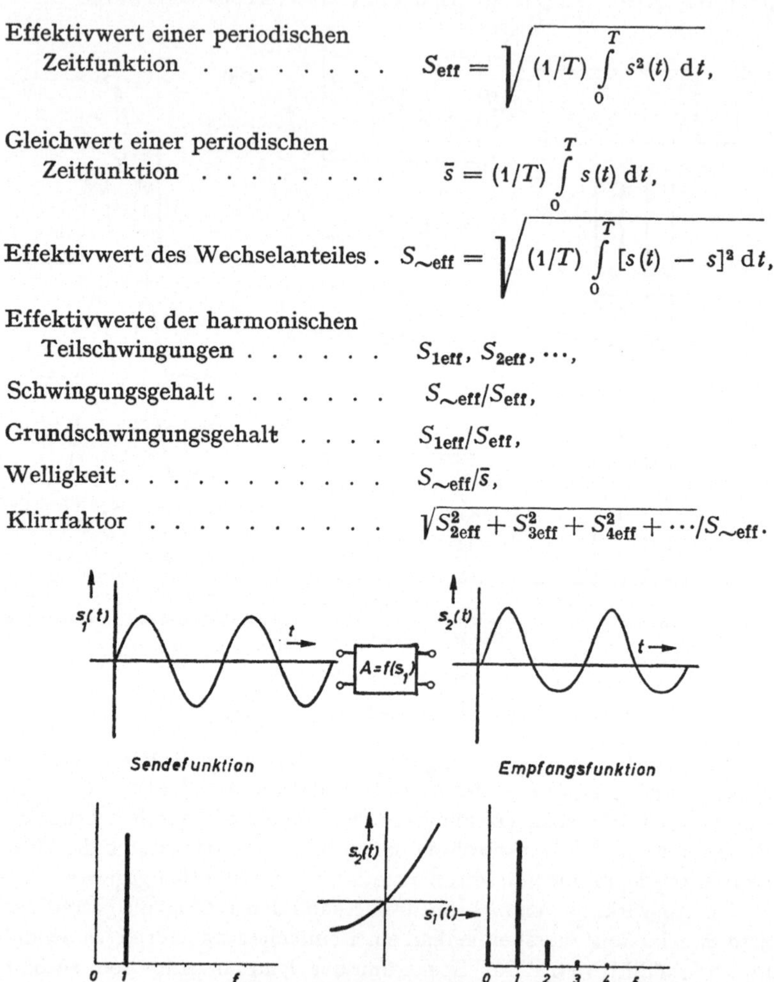


Bild 10.6 Einfaches Beispiel einer nichtlinearen Verzerrung.

Ist die Sendefunktion nicht eine einfache Sinusschwingung, sondern eine aus Teilschwingungen zusammengesetzte Signalfunktion, dann treten bei nichtlinearen Verzerrungen im Empfangsspektrum nicht nur harmonische Teilschwingungen auf, sondern zusätzlich auch neue

Kombinationsschwingungen, deren Frequenzen gleich den Summen und Differenzen der Teilschwingungsfrequenzen sind. Dieses als nichtlineare Verzerrung besonders unerwünschte Ergebnis wird andererseits in Systemen für Amplitudenmodulation bewußt ausgenutzt.

Die Ausführungen über lineare und nichtlineare Verzerrungen in den Abschnitten b und c dieses Kapitels beschränken sich darauf, einen ersten Überblick über die Problemstellung zu geben. Es ist Aufgabe der *Systemtheorie*, Methoden zur quantitativen Beschreibung linearer und nichtlinearer Verzerrungen bereitzustellen und die Randbedingungen zu klären, unter denen diese Beschreibungsmethoden Gültigkeit haben. Dazu gehören beispielsweise die Methoden zur Überführung einer Signalfunktion aus dem Zeitbereich in den Frequenzbereich und umgekehrt (z. B. Fouriertransformation), ferner die Methoden, die es gestatten, den Einfluß des Übertragungssystems auf die Signale rechnerisch zu erfassen, sei es durch Multiplikation der Spektralfunktion eines Signals mit der Übertragungsfunktion des Systems im Frequenzbereich oder durch die sogenannte Faltung einer Signalzeitfunktion mit einer das Zeitverhalten der Übertragungssysteme beschreibenden Funktion.

## d) Nachrichtenfluß und Kanalkapazität

Zusätzlich zu den durch die Eigenschaften des Übertragungssystems bedingten linearen und nichtlinearen Verzerrungen können die eine Nachricht repräsentierenden Nutzsignale auch noch durch Störsignale beeinflußt werden. Wie schon in Kapitel 7 ausgeführt, können diese Störsignale ihre Ursache in dem Übertragungssystem selbst haben oder von außen her in das Übertragungssystem eindringen. Ihrem zeitlichen Verhalten nach unterscheidet man unregelmäßige Störsignale (z. B. Wärmerauschen), periodische Störsignale (z. B. Brummstörungen aus der Stromversorgung) und nachrichtenähnliche Störsignale (z. B. Nebensprechen aus benachbarten Übertragungssystemen).

Eine allerdings sehr vereinfachte Darstellung der Zusammenhänge zwischen Übertragungssignal und Übertragungssystem zeigt Bild 10.7. Physikalisch betrachtet wird das Signal durch eine Zeitfunktion beschrieben. Bei kontinuierlichen Signalen (z. B. bei Sprach- und Musikübertragungen) können die Effektiv- oder Spitzenwerte der Signalfunktionen im Laufe der Zeit erheblichen Schwankungen unterliegen (z. B. laute und leise Sprache, Fortissimo und Pianissimo bei Musik). Man nennt das — meist logarithmisch angegebene — Verhältnis der größten im Laufe einer Übertragung auftretenden Signalamplitude zu der kleinsten während dieser Zeit auftretenden Amplitude die Dynamik $D_S$ des Signals. Das Spektrum der Signalfunktion liegt in einem Frequenzband $B_S$, und die Signalfunktion existiert während einer Zeit $T_S$. Diese drei Bestimmungsgrößen eines Signals können durch die Kanten eines Quaders beschrieben werden, der *Signalquader* genannt wird.

Die Eigenschaften eines Übertragungssystems lassen sich in ähnlich vereinfachter Darstellungsweise beschreiben. Innerhalb einer Bandbreite $B_K$ bleiben die linearen Verzerrungen in zulässigen Grenzen; der Aussteuerbereich $D_K$ ist nach kleinen Amplituden hin durch den geforderten Störabstand $\sigma_K$ und nach großen Amplituden hin durch die zulässige Grenze der nichtlinearen Verzerrungen begrenzt. Außerdem hat das Übertragungssystem eine Laufzeit $\tau_K$. Diese Bestimmungsgrößen können durch die Kanten eines Ausschnittes in einer Wand beschrieben werden, der die Eigenschaften des *Übertragungskanals* beschreibt.

Tabelle A auf Seite 113 gibt einige Richtwerte für Signalquader und Übertragungskanal bei Sprache und Musik. Man erkennt, daß der Kanalquerschnitt kleiner gewählt wird als der Querschnitt des Signalquaders. Die damit verbundene Einbuße an Originaltreue des Übertragungssignals nimmt man aus wirtschaftlichen Gründen in Kauf.

Bei der Übertragung von Telegraphiesignalen, die nur zwischen Zeichen- und Trennschritt unterscheiden, artet der Signalquader zu einer flachen Scheibe aus. Der Dynamikbereich umfaßt nur noch zwei Amplitudenwerte (1 oder 0); die Signalbandbreite wird der Telegraphiergeschwindigkeit proportional. Zwei Beispiele gibt Tabelle B auf Seite 113.

Wie schon in Kapitel 1 und Kapitel 6a erläutert, kann jedes kontinuierliche Signal in eine Folge diskontinuierlicher Signale aufgelöst werden. Nach dem Abtasttheorem genügt es zur späteren Rückgewinnung des Originalsignals, wenn dessen Augenblickswerte in einem zeitlichen Abstand $(1/2B_S)$ abgefragt werden. Eine Signalfunktion, deren Spektrum die Bandbreite $B_S$ hat und die während der Zeit $T_S$ existiert, kann also durch $2B_S T_S$ Impulse beschrieben werden, deren Amplituden dem jeweiligen Augenblickswert des Originalsignals entsprechen.

Unterteilt man die vorkommenden Amplitudenwerte in $m_S$ diskrete Amplitudenstufen, dann lassen sich diese diskreten Stufenwerte mit Hilfe eines Binärcodes darstellen. Die notwendige Stellenzahl des Codes ergibt sich aus der Beziehung $Z = \mathrm{lb}\, m_S$[1].

Ein kontinuierliches Signal, das während der Zeit $T_S$ existiert, dessen Spektrum die Bandbreite $B_S$ hat und dessen Augenblickswerte durch $m_S$ diskrete Amplitudenstufen genügend genau beschrieben werden können, läßt sich also auch durch eine Folge von Elementarentscheidungen darstellen. Die notwendige Zahl dieser Elementarentscheidungen oder der für eine Übertragung notwendigen Elementarsignale (Zeichen- oder Trennschritt) ist

$$N = 2B_S T_S\, \mathrm{lb}\, m_S.$$

---

[1] Bei geringen Qualitätsanforderungen genügen zur quantisierten Übertragung von Sprache 128 Amplitudenstufen, hochwertige Sprachübertragung ist mit 256 Amplitudenstufen möglich. Dem entsprechen ein siebenstelliger Binärcode (7-Bit-Code) bzw. ein achtstelliger Binärcode (8-Bit-Code).

Tabelle A

| Signalquader | | | Übertragungskanal | | | Störabstand* der | |
| --- | --- | --- | --- | --- | --- | --- | --- |
| Quelle | Dynamik | Spektrum | Übertragungssystem | Frequenzband | Aussteuerbereich | kleinsten | größten Amplitude |
| Sprache | 45 dB | 100 Hz···10 kHz | Fernsprechleitung | 300 Hz···3,4 kHz | 40 dB | 10 dB | 50 dB |
| Musik | 75 dB | 16 Hz···20 kHz | Hochwertige Rundfunkübertragung | 30 Hz···15 kHz | 60 dB | 15 dB | 75 dB |

* In der Literatur werden Störabstände häufig auf die Spannung (oder Leistung) des Normalgenerators mit Pegel 0 bezogen, der meist im oberen Viertel des Aussteuerungsbereiches liegt.

Tabelle B

| Signalquader | | Übertragungskanal | | |
| --- | --- | --- | --- | --- |
| Quelle | Spektrum* | Grenzfrequenz bei Gleichstromtastung | Bandbreite bei Wechselstromtastung | Störabstand des Zeichenstromes |
| Fernschreiber 50 Baud | 0···≈ 100 Hz | ≈ 40 Hz | ≈ 80 Hz | ≈ 30 dB |
| Hell-Schreiber 245 Baud | 0···≈ 490 Hz | ≈ 200 Hz | ≈ 400 Hz | ≈ 10 dB |

* Dieser Frequenzbereich umfaßt 95% der Gesamtenergie des Spektrums eines Gleichstrom-Zeichenschrittes.

Diese Zahl der notwendigen Elementarentscheidungen ist ein quantitatives Maß für die *Nachrichtenmenge*. Als Einheit für die Nachrichtenmenge ist das Bit (von binary digit) eingeführt worden.

Der Inhalt des in Bild 10.7 dargestellten Signalquaders kann also durch die Angabe der Zahl der Nachrichteneinheiten in Bit umschrieben werden, die zur Darstellung der innerhalb der Wände des Quaders möglichen Zeitfunktionen benötigt wird. Dividiert man diese Zahl durch die Zeit $T_S$, dann erhält man den *Nachrichtenfluß* in Bit/sec.

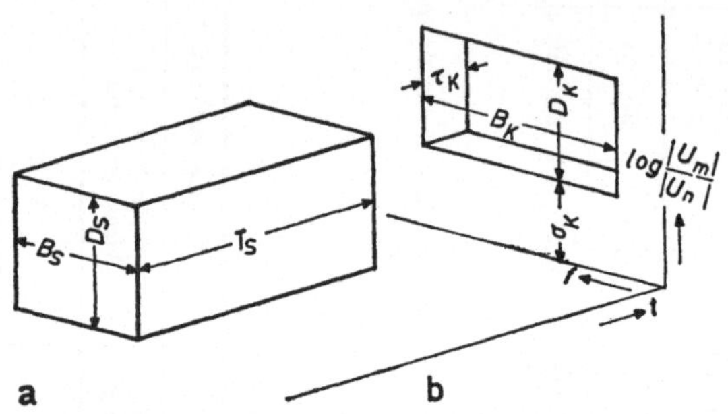

Bild 10.7 Vereinfachte Darstellung des Signalquaders und des Übertragungskanals.
a) Signalquader:   $T_S$  Zeitdauer des Signals,  $B_S$ Frequenzband des Signalspektrums,  $D_S$ Dynamik der Signalamplituden;
b) Übertragungskanal:   $\tau_K$ Laufzeit des Kanals,  $B_K$ Übertragungsbandbreite des Kanals,  $D_K$ Aussteuerbereich des Kanals, $\sigma_K$ Störabstand der kleinsten Signalamplitude.

Eine ähnliche quantitative Angabe kann man auch für den Nachrichtenkanal machen. Ein Kanal der Bandbreite $B_K$ kann im theoretischen Grenzfall in der Zeit $T$ maximal $n = 2B_K\tau$ diskrete Signale übertragen. Lassen sich in einem Übertragungskanal $m_K$ verschiedene Amplitudenwerte fehlerfrei übertragen, dann können in der Zeit $T$

$$2B_K T \text{ lb } m_K$$

Nachrichteneinheiten übertragen werden.

Für den Fall, daß alle diskreten Amplitudenwerte im Mittel gleich häufig sind und die Störamplituden regellos auftreten (Rauschen), dann können bei einer maximalen Nutzleistung $P$ und einer Störleistung $Q$

$$m_K = \sqrt{\frac{P + Q}{Q}}$$

verschiedene Amplitudenstufen unterschieden werden. Damit wird der in der Zeiteinheit maximal übertragbare Nachrichtenfluß

$$C = B_K \text{ lb } \frac{P + Q}{Q}.$$

$C$ wird *Kanalkapazität* genannt. Sie gibt eine quantitative Aussage über die in der Zeiteinheit maximal übertragbare Zahl von Nachrichteneinheiten.

Die vereinfachte Darstellung der Nachricht durch einen Signalquader und des Übertragungskanals durch einen Ausschnitt in einer Wand nach Bild 10.7 einerseits und die quantitative Beschreibung des Nachrichtenflusses und der Kanalkapazität andererseits erlauben es auch, die Aufgabe der Anpassung des Nachrichtenflusses an die Kanalkapazität anschaulich aufzuzeigen. Eine solche Anpassung ist notwendig, wenn die Form des Signalquaders mit der Form des Übertragungskanals nicht übereinstimmt oder, in der Beschreibungsweise von Bild 10.7, wenn der Signalquader nicht ohne weiteres in den Wandausschnitt des Kanals paßt.

In diesem Fall ist es notwendig, die Form des Signalquaders zu ändern. Wenn dabei der Nachrichteninhalt voll erhalten bleiben soll, muß der Inhalt des Signalquaders konstant bleiben.

Ist beispielsweise die Übertragungsbandbreite des Kanals kleiner als die Bandbreite des Signalspektrums, muß die Grundfläche des Signalquaders so verformt werden, daß die Bedingung

$$B_S \cdot T_S = \text{const}$$

erfüllt bleibt. Diese Bedingung entspricht dem Zeitgesetz der Nachrichtentechnik (siehe Seite 38). Je schmäler das Frequenzband des Kanals ist, desto mehr muß der Signalquader in die Länge gezogen werden, desto länger wird also auch die Übertragungszeit für eine bestimmte Nachrichtenmenge.

Ist der Aussteuerbereich des Kanals, z. B. auf Grund eines hohen Störpegels, kleiner als der Dynamikbereich des Signalquaders, muß die Stirnfläche des Signalquaders so verformt werden, daß die Bedingung

$$B_S \cdot D_S = \text{const}$$

erfüllt bleibt. Ein drastisches Beispiel einer solchen Umformung ist die Übertragung von Meßwerten mit Hilfe der Pulscodemodulation (siehe Seite 58). Bei der meist sehr langsamen zeitlichen Änderung von Meßwerten hat ihr Original-Signalquader nur ein sehr schmalbandiges Spektrum, dafür aber einen großen Dynamikbereich. Durch Quantisierung, Abtastung und Codierung gewinnt man daraus einen Übertragungssignalquader, der im Aussteuerbereich nur zwischen Zeichen- und Trennschritt zu unterscheiden braucht, dafür aber eine große Bandbreite zur Übertragung der Pulsfolgen benötigt. Während also der ursprüngliche Signalquader im Sinne von Bild 10.7 eine schmale senkrecht stehende Scheibe war, gelingt es mit Hilfe der Pulscodemodulation, ihn an einen Kanal anzupassen, der nur aus einem sehr dünnen, dafür aber breiten, horizontal liegenden Schlitz besteht.

Die Darstellung in Bild 10.7 und die quantitativen Schlußfolgerungen dieses Abschnittes finden ihre exakte Begründung in der *Informationstheorie*, die sich darüber hinaus mit den Fragen der Wahrscheinlichkeitsverteilung von Zeichen, Signalen, Signalfolgen und deren Beeinflussung durch Störsignale befaßt.

Anhang

# A 1. Logarithmische Vergleichsmaßstäbe

## a) Zeitliche Dämpfung

Regt man ein einfaches lineares verlustbehaftetes System mit zwei komplementären Energiespeichern (z. B. einen elektrischen Schwingungskreis) zu periodischen Schwingungen an und überläßt dann das System sich selbst, dann klingt die Amplitude der Schwingung in Abhängigkeit von der Zeit „gedämpft" ab; dabei gehören zu gleichen absoluten Zeitabschnitten gleiche relative Änderungen der Amplitude (Bild A 1.1).

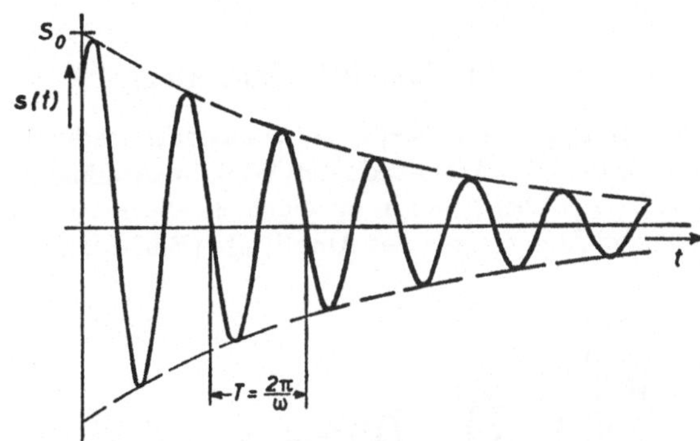

Bild A 1.1  Zur Definition der zeitlichen Dämpfung. Einfacher linearer verlustbehafteter Schwinger.
$$s(t) = \operatorname{Re} S_0 \cdot e^{-\delta t} \cdot e^{j(\omega t + \varphi)}.$$

Zur Beschreibung der Einhüllenden haben sich im Laufe der Zeit außer der Abklingkonstante $\delta$ auch andere Definitionen eingebürgert:

| | |
|---|---|
| Zeitkonstante $\tau = 1/\delta$, | |
| Halbwertzeit $= 0{,}693\,\tau$, | Dimension Zeit, |
| Nachhallzeit $= 6{,}91\,\tau$, | |
| Logarithmisches Dekrement $\Lambda = \delta T$, | |
| Dämpfungsgrad $= \delta T/(2\pi)$, | |
| Verlustfaktor $d = \delta T/\pi$, | dimensionslose Zahlen. |
| Güte $Q = 1/d$, | |

Zum leichteren Verständnis dieser verschiedenen Definitionen sei auch auf die quantitative Aussage hingewiesen:

Während der Zeit $\tau$ klingt die Amplitude auf $\approx 37\%$, die Energie auf $\approx 13\%$ ab.

Während der Halbwertzeit zerfallen $50\%$ der Kerne eines radioaktiven Elementes.

Während der Nachhallzeit klingt die Amplitude auf $1^0/_{00}$, die Energie auf $10^{-6}$ ab.

Während $1/\Lambda$ Perioden klingt die Amplitude auf $\approx 37\%$, die Energie auf $\approx 13\%$ ab.

Während $1/\vartheta$ Perioden klingt die Amplitude auf $\approx 2^0/_{00}$, die Energie auf $4 \cdot 10^{-6}$ ab.

Während $Q$ Perioden klingt die Amplitude auf $\approx 4\%$, die Energie auf $1,6^0/_{00}$ ab.

Für eine gedämpft abklingende Schwingung der Spannung, des Stromes, des Schalldruckes, des Ausschlages bei einem Pendel usw. gilt für das Verhältnis zweier Werte der Einhüllenden zu den Zeiten $t_1$ und $t_2$

$$\ln\left[\,|\,S(t_1)\,|\,/\,|\,S(t_2)\,|\,\right] = \delta\,(t_2 - t_1)\,.$$

## b) Räumliche Dämpfung

Durchläuft eine ebene Welle ein homogenes verlustbehaftetes Medium, dann klingt die Amplitude der Welle in Abhängigkeit vom Weg „gedämpft" ab; dabei gehören zu gleichen absoluten Wegabschnitten gleiche relative Änderungen der Amplitude (Bild A 1.2).

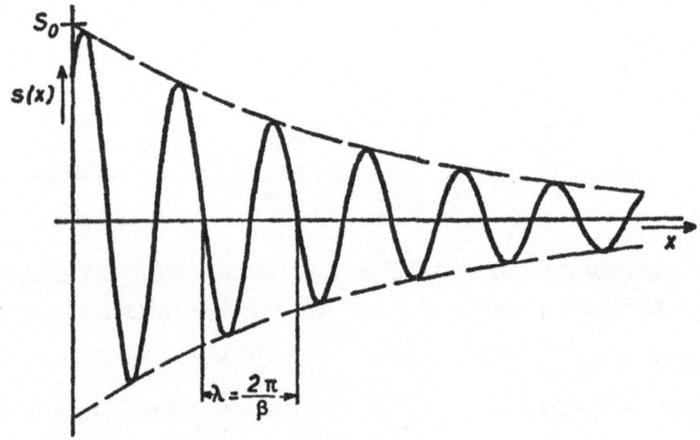


Bild A 1.2  Zur Definition der räumlichen Dämpfung. Ebene Welle in verlustbehaftetem Medium.
$$s(t, x) = \mathrm{Re}\, S_0 \cdot e^{-\alpha x} \cdot e^{j(\omega t - \beta x + \varphi)}.$$

Im Gegensatz zur zeitlichen Dämpfung hat sich im Bereich der räumlichen Dämpfung für die Beschreibung der Einhüllenden nur die Definition der Dämpfungskonstante $\alpha$ eingebürgert. Mit ihr ergibt sich für das Verhältnis zweier Werte der Einhüllenden an den Stellen $x_1$ und $x_2$

$$\ln\left[\,|S(x_1)|\,/\,|S(x_2)|\,\right] = \alpha\,(x_2 - x_1).$$

### c) Dämpfungsmaß

Im Bereich der Nachrichtentechnik hat es sich als zweckmäßig erwiesen, ganz allgemein und unabhängig von der jeweiligen Ursache das logarithmierte Verhältnis zweier Spannungen, Ströme, Schalldrücke oder Ausschläge oder auch das logarithmierte Verhältnis zweier Leistungen als *Dämpfungsmaß* einzuführen.

Folgende beiden Definitionen werden nebeneinander gebraucht:

Dämpfungsmaß   $a = \ln\,(|U_1|/|U_2|)$, $\ln\,(|I_1|/|I_2|)$, $^1/_2 \ln\,(|P_1|/|P_2|)$ in Neper (Np) (natürlicher Logarithmus, Ausgangspunkt Spannungen, Ströme usw.),

Dämpfungsmaß   $a = 10\log\,(|P_1|/|P_2|)$, $20\log\,(|U_1|/|U_2|)$, $20\log\,(|I_1|/|I_2|)$ in Dezibel (dB) (Briggscher Logarithmus, Ausgangspunkt Leistungen).

Die Kurventafeln auf Seite 134 und 135 lassen sowohl für Spannungs- oder Stromverhältnisse als auch für Leistungsverhältnisse beide Dämpfungsmaße ablesen und ineinander umrechnen.

Die Benutzung der Dämpfungsmaße Neper und Dezibel hat folgende Vorteile:

1. Die Dämpfungsmaße von in Kette geschalteten, einander angepaßten Übertragungssystemen können addiert werden, um die Gesamtdämpfung zu ermitteln.

2. Die menschlichen Sinnesorgane haben in erster Näherung die Eigenschaft, daß gleichen relativen Änderungen eines Reizes gleiche absolute Änderungen der Wahrnehmung entsprechen.

3. Auch sehr große Zahlenverhältnisse der Spannungen usw. oder der Leistungen entsprechen handlichen Zahlenwerten der Dämpfungsmaße.

### d) Frequenzmaß

Auch für das Verhältnis zweier Frequenzen hat sich ein logarithmischer Vergleichsmaßstab eingebürgert, und zwar aus historischen Gründen (Tonleiter) unter Verwendung des Logarithmus zur Basis 2:

Frequenzmaß   $m = \mathrm{lb}\,(f_2/f_1)$ in Oktaven,

Frequenzmaß   $m = 12\,\mathrm{lb}\,(f_2/f_1)$ in Halbtönen,

Frequenzmaß   $m = 1200\,\mathrm{lb}\,(f_2/f_1)$ in Cent.

Demnach entspricht einer Oktave ein Frequenzverhältnis $f_2 : f_1 = 2 : 1$, einem Halbton ein Frequenzverhältnis $f_2 : f_1 = \sqrt[12]{2} : 1 = 1{,}059 : 1$, einem Cent ein Frequenzverhältnis $f_2 : f_1 = \sqrt[1200]{2} : 1 = 1{,}000\,577\,5 : 1$.

## e) Vereinbarte Bezugspunkte für logarithmische Vergleichsmaßstäbe

Um auch absolute Werte in logarithmischen Vergleichsmaßstäben angeben zu können, müssen Bezugswerte vereinbart werden.

Für elektrische Spannungen, Ströme und Leistungen gilt die Wirkleistung von 1 mW an 600 $\Omega$ als Bezugspunkt. Dem entspricht eine Spannung von 0,775 V und ein Strom von 1,29 mA (Normalgenerator mit einer Leerlaufspannung von 1,55 V und einem Innenwiderstand von 600 $\Omega$). Diesem vereinbarten Bezugspunkt wird der Pegelwert 0 zugeordnet.

In der Akustik hat man die Hörschwelle des Menschen bei 1000 Hz als Bezugspunkt gewählt. Die vereinbarten Werte für den Schallpegel 0 sind

$$\text{Schalldruck} \qquad p_0 = 2 \cdot 10^{-5}\,\text{N/m}^2 = 2 \cdot 10^{-4}\,\mu\text{bar},$$
$$\text{Schallintensität} \qquad J_0 = 10^{-12}\,\text{W/m}^2.$$

Als Bezugspunkt für absolute Angaben im Frequenzmaß kann die international vereinbarte Frequenz des Kammertons a mit 440 Hz benutzt werden.

Kurventafeln für elektrische Pegel und für Schallpegel sind auf Seite 136 und 137 zu finden.

# A 2. Leistungsanpassung

## a) Ersatzschaltungen für elektrische Energiequellen

Eine elektrische Energiequelle kann durch ein Netzwerk mit einem Klemmenpaar (Eintor, Zweipol) beschrieben werden. Wenn bei beliebiger Belastung dieses Klemmenpaares ein Strom (Klemmenstrom $I_a$), eine Spannung (Klemmenspannung $U_a$) oder beides gemessen werden kann, wird ein solches Netzwerk Zweipolquelle oder auch aktiver Zweipol genannt.

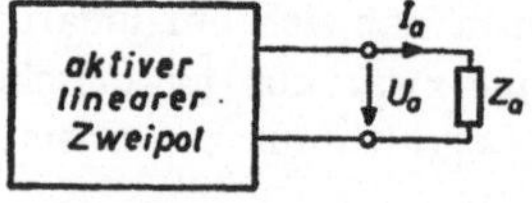


Bild A 2.1 Aktiver Zweipol mit dem Belastungswiderstand $Z_a$.

Die Eigenschaften aktiver Zweipole lassen sich im eingeschwungenen Zustand mit Hilfe der Leerlaufspannung (Quellenspannung) $U_Q$ und des Kurzschlußstromes (Quellenstromes) $I_Q$ beschreiben (Bild A 2.1):

$$U_Q = (U_a)_{|Z_a| = \infty}, \qquad I_Q = (I_a)_{|Z_a| = 0}.$$

Bei einer beliebigen Belastung durch einen Widerstand $Z_a$ wird die Klemmenspannung

$$U_a = \frac{U_Q Z_a}{Z_a + U_Q/I_Q}$$

und der Klemmenstrom

$$I_a = \frac{I_Q Y_a}{Y_a + I_Q/U_Q}.$$

Definiert man das Verhältnis von Quellenspannung zu Quellenstrom als Innenwiderstand des linearen aktiven Zweipols

$$U_Q/I_Q = Z_i = 1/Y_i,$$

dann kann man die Zweipolquelle durch zwei äquivalente Ersatzbilder beschreiben (Bild A 2.2).

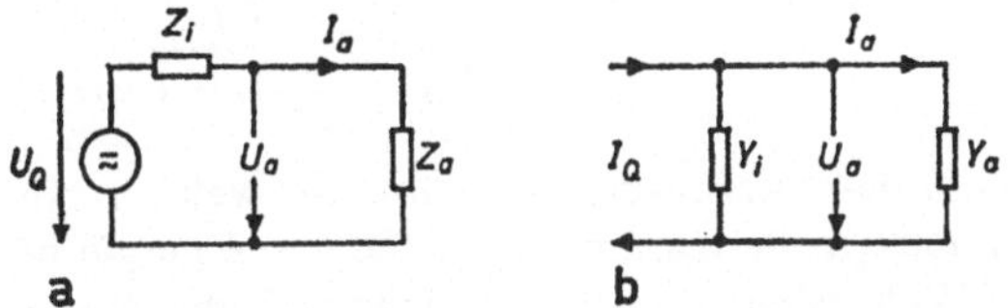


Bild A 2.2  Ersatzschaltung aktiver linearer Zweipole.
a) Spannungsquellen-Ersatzbild: $U_a = U_Q Z_a/(Z_i + Z_a)$, $I_a = U_Q/(Z_i + Z_a)$;
b) Stromquellen-Ersatzbild: $I_a = I_Q Y_a/(Y_i + Y_a)$, $U_a = I_Q/(Y_i + Y_a)$.

Belastet man eine elektrische Energiequelle mit einem Verbraucher (passiver Zweipol), dann interessiert die Frage, wieviel Energie in der Zeiteinheit aus der Quelle an den Verbraucher abgegeben wird oder mit anderen Worten, wie groß die Leistung an dem Klemmenpaar ist, in dem der aktive und der passive Zweipol zusammengeschaltet sind. Die Abhängigkeit dieser Leistung von dem Verhältnis des Belastungswiderstandes $Z_a$ zu dem Innenwiderstand $Z_i$ (oder des Belastungsleitwertes $Y_a$ zu dem Innenleitwert $Y_i$) soll im folgenden für das Beispiel des Spannungsquellenersatzbildes behandelt werden, und zwar zuerst für den Gleichstromfall.

## b) Leistungsanpassung bei Gleichstrom

In einem System nach Bild A 2.2 lassen sich drei Leistungen unterscheiden:

die Quellenleistung (Kurzschlußleistung) $P_Q = U_Q I_Q$,

die Klemmenleistung (Verbraucherleistung) $P_a = U_a I_a$,

die Gesamtleistung (Systemleistung) $P_\Sigma = U_Q I_a$.

In Gleichstromkreisen brauchen nur Wirkwiderstände berücksichtigt zu werden[1]; ferner handelt es sich in allen Fällen um Wirkleistungen. In diesem Falle lassen sich definieren:

1. Energetischer Wirkungsgrad $\eta = \dfrac{\text{Klemmenleistung}}{\text{Gesamtleistung}}$

$$= \frac{P_a}{P_\Sigma} = \frac{R_a/R_i}{1 + R_a/R_i}.$$

Der energetische Wirkungsgrad $\eta$ gibt an, welcher Anteil der gesamten in dem System umgesetzten Energie im Verbraucher wirksam wird.

2. Energetischer Nutzungsgrad $\varepsilon = \dfrac{\text{Klemmenleistung}}{\text{Quellenleistung}}$

$$= \frac{P_a}{P_Q} = \frac{R_a/R_i}{(1 + R_a/R_i)^2}.$$

Der energetische Nutzungsgrad $\varepsilon$ gibt an, welcher Anteil der bei Kurzschluß in der Quelle maximal umsetzbaren Energie bei Belastung mit endlichen Widerständen im Verbraucher genutzt wird.

Offenbar hängen Wirkungsgrad und Nutzungsgrad nur von dem Verhältnis $R_a/R_i$ ab. In Bild A 2.3 ist diese Abhängigkeit über einer normierten linear geteilten Abszisse aufgetragen, in Bild A 2.4 der gleiche Zusammenhang über gedrängten Maßstäben.

Die Bilder A 2.3 und A 2.4 eignen sich zur Diskussion der Leistungsabhängigkeit einer Spannungsquelle mit vorgegebenem Innenwiderstand $R_i$ und veränderlicher Belastung $R_a$. Der Wirkungsgrad wird um so größer, je größer $R_a$ gegenüber $R_i$ wird. Der Nutzungsgrad hat ein Maximum bei $R_a = R_i$.

Aus Bild A 2.4 kann man auch die Abhängigkeit von $\varepsilon$, $\eta$ und $P_Q/P_a$ für den Fall entnehmen, daß ein Verbraucher mit vorgegebenem Belastungswiderstand $R_a$ aus einer Quelle mit veränderlichem Innenwiderstand $R_i$ gespeist wird. Der Wirkungsgrad wird um so größer, je kleiner

---

[1] Enthalten die Systeme auch Energiespeicher endlicher Größe, werden für die Diskussion des Gleichstromverhaltens Induktivitäten durch Kurzschlüsse, Kapazitäten durch Unterbrechungen des Stromkreises ersetzt. Die übrigbleibenden Wirkwiderstände faßt man in einen reellen Innenwiderstand $R_i$ und einen reellen Belastungswiderstand $R_a$ zusammen.

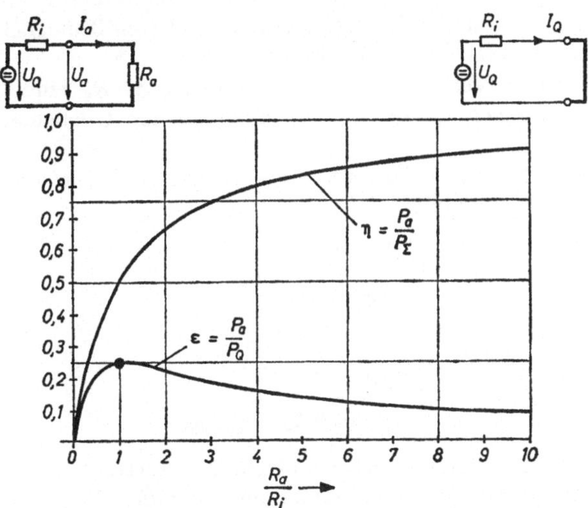

Bild A 2.3  Energetischer Wirkungsgrad $\eta$ und energetischer Nutzungsgrad $\varepsilon$ in Abhängigkeit von $R_a/R_i$.

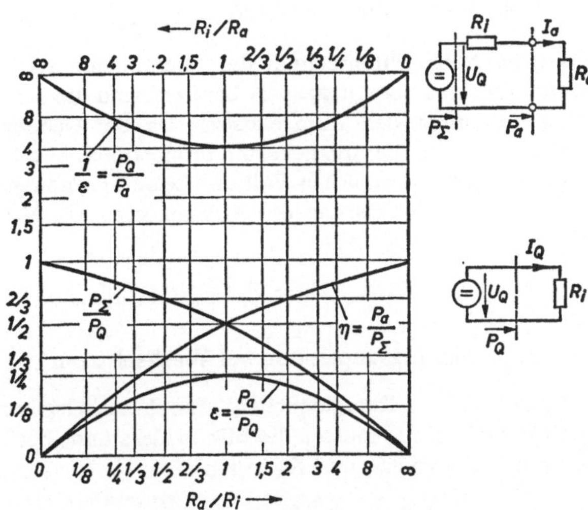

Bild A 2.4  Energetischer Wirkungsgrad $\eta$, energetischer Nutzungsgrad $\varepsilon$, $1/\varepsilon$ und das Verhältnis von Gesamtleistung $P_\Sigma$ zu Quellenleistung $P_Q$ in Abhängigkeit von $R_a/R_i$ ($R_i/R_a$) bei vorgegebener Quelle (geforderter Klemmenleistung).

$R_i$ gegenüber $R_a$ wird, die notwendige Quellenleistung $P_Q$ hat ein Minimum bei $R_i = R_a$.

Der Abschluß einer Quelle mit einem Verbraucherwiderstand $R_a = R_i$ bedeutet also, daß

a) aus einer Quelle mit vorgegebenem $R_i$ die größtmögliche Energie an den Verbraucher abgegeben wird,

b) an einen Verbraucher mit vorgegebenem $R_a$ eine bestimmte Energie aus einer Quelle mit kleinstmöglicher Quellenleistung zugeführt wird.

Dieser Fall wird Leistungsanpassung genannt. Für den Fall der Leistungsanpassung gilt

$$\left. \begin{aligned} U_a &= U_Q/2 \\ I_a &= I_Q/2 \\ P_a &= P_Q/4 \\ \eta &= 0{,}5 \\ \varepsilon_{max} &= 0{,}25 \end{aligned} \right|_{R_a = R_i.}$$

Die Energietechnik (Starkstromtechnik) überträgt die Energie um ihrer selbst willen. Sie muß daher einen großen Wirkungsgrad anstreben, d. h. die Innenwiderstände ihrer Generatoren klein gegenüber den Verbraucherwiderständen halten:

$$\left. \eta \to 1 \quad \text{für} \quad R_i \ll R_a \right|_{\text{Energietechnik}}.$$

Dort, wo die Nachrichtentechnik die Energie nur als Mittel zum Zweck, nämlich für den Signaltransport benutzt, sind die Energiekosten meist gering gegenüber den Anlagekosten. Da bei Generatoren, die linear aussteuerbar sind, die Anlagekosten proportional mit der Quellenleistung ansteigen, strebt man den Fall der Leistungsanpassung an, da hier für eine geforderte Leistung die Anlagekosten ein Minimum erreichen:

$$\left. \varepsilon \to 0{,}25 \quad \text{für} \quad R_i = R_a \right|_{\text{Nachrichtentransport}}.$$

### c) Leistungsanpassung bei Wechselstrom

In Systemen, deren Energiequellen eine Wechselspannung oder einen Wechselstrom liefern, müssen die Blindwiderstände berücksichtigt werden. An die Stelle von $R_i$ und $R_a$ treten

$$Z_i = R_i + jX_i = |Z_i|\, e^{j\varphi_i},$$
$$Z_a = R_a + jX_a = |Z_a|\, e^{j\varphi_a},$$

und es folgt für Klemmenspannung und Klemmenstrom

$$U_a = U_Q \frac{1}{1 + (|Z_i|/|Z_a|)\, e^{j(\varphi_i - \varphi_a)}},$$

$$I_a = I_Q \frac{1}{1 + (|Z_a|/|Z_i|)\, e^{j(\varphi_a - \varphi_i)}}.$$

Bei gegebenen Quellenspannungen und -strömen sind also jetzt die Klemmenspannungen und -ströme nicht mehr allein von dem Verhältnis der Beträge der Widerstände, sondern auch von der Differenz ihrer Phasenwinkel abhängig. Bild A 2.5 zeigt die Abhängigkeit der Beträge der Klemmenspannung und des Klemmenstroms von dem Verhältnis $Z_a/Z_i$ mit der Winkeldifferenz $\varphi_a - \varphi_i$ als Parameter. Bei einer Winkeldifferenz von $\pi$ (oder ungeradzahligen Vielfachen von $\pi$) werden die Kurven identisch mit der Resonanzkurve eines verlustlosen Reihenresonanzkreises an einer eingeprägten Spannung oder eines verlustlosen Parallelresonanzkreises mit eingeprägtem Strom.

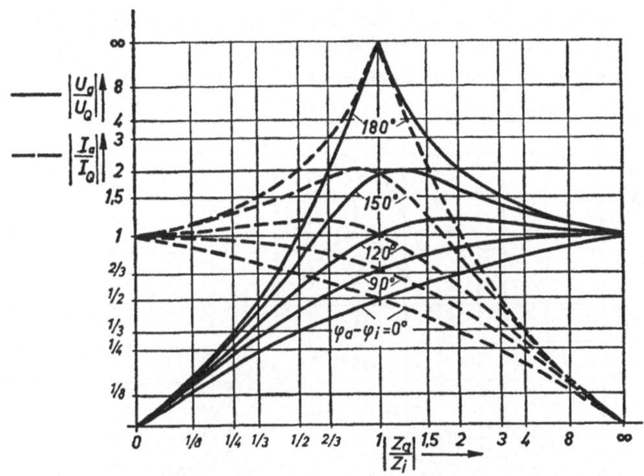


Bild A 2.5  Betrag der Verhältnisse von Klemmen- zu Quellenstrom und Klemmen- zu Quellenspannung in Abhängigkeit von $|Z_a|/|Z_i|$ mit $\varphi_a - \varphi_i$ als Parameter (Belastungswiderstand $Z_a = |Z_a|\, e^{j\varphi_a}$; Innenwiderstand $Z_i = |Z_i|\, e^{j\varphi_i}$) (gedrängter Maßstab).
$|I_a/I_Q| = 1/|1 + Z_a/Z_i|$, $|U_a/U_Q| = 1/|1 + Z_i/Z_a|$.

Bildet man das Produkt der Beträge der Klemmenspannung und des Klemmenstromes, erhält man die Scheinleistung, die in Bild A 2.6 wiederum in Abhängigkeit von dem Verhältnis $|Z_a|/|Z_i|$ mit $\varphi_a - \varphi_i$ als Parameter aufgetragen ist.

Die Scheinleistung wird um so größer, je genauer $|Z_a| = |Z_i|$ ist; bei vorgegebenem $|Z_a|/|Z_i|$ wird die Scheinleistung um so größer, je näher die Winkeldifferenz $\varphi_a - \varphi_i$ bei $\pi$ (oder ungeradzahligen Vielfachen von $\pi$) liegt.

Wichtiger als die Scheinleistungen sind die Wirkleistungen, denn die an den Verbraucher abgegebenen Klemmenwirkleistungen bestimmen die Arbeit, die im Verbraucher geleistet werden kann, und die Quellenwirkleistung $P_{Qw}$ ist für den Aufwand maßgeblich, der für den Bau eines Generators getrieben werden muß (sofern er linear aussteuerbar sein soll).

Bei sinusförmiger Spannung ist die Klemmenwirkleistung[1]

$$P_{aw} = \frac{|U_Q|^2}{2} \frac{R_a}{(R_a + R_i)^2 + (X_a + X_i)^2}.$$

Die maximale Quellenwirkleistung ist

$$P_{Qw} = |U_Q|^2 / (2R_i).$$

Diese maximale Verlustleistung einer Wechselstromquelle wird bei Kurzschluß erreicht, wenn $X_i = 0$ ist. Bei endlichen Werten von $X_i$ müssen die Klemmen mit einem Blindwiderstand der Größe $X_a = -X_i$ belastet werden, damit die volle Quellenspannung an $R_i$ liegt und die Verlustleistung ihren größtmöglichen Wert erreicht.

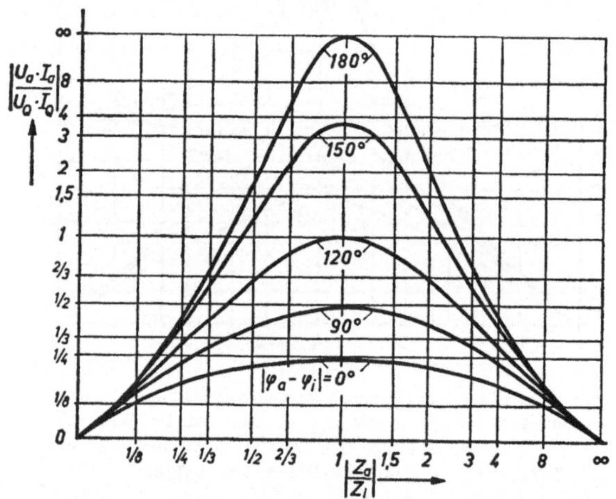


Bild A 2.6 Verhältnis der Klemmen- und Kurzschlußscheinleistung in Abhängigkeit von $|Z_a/Z_i|$ mit $|\varphi_a - \varphi_i|$ als Parameter (Belastungswiderstand $Z_a = |Z_a| e^{j\varphi_a}$; Innenwiderstand $Z_i = |Z_i| e^{j\varphi_i}$) (gedrängter Maßstab).

$$\left| \frac{U_a \cdot I_a}{U_Q \cdot I_Q} \right| = \frac{1}{|1 + Z_i/Z_a| \cdot |1 + Z_a/Z_i|} = \frac{|Z_a/Z_i|}{1 + |Z_a/Z_i|^2 + 2|Z_a/Z_i| \cos(\varphi_a - \varphi_i)}.$$

Das Verhältnis der Klemmenwirkleistung zur Quellenwirkleistung ist

$$\frac{P_{aw}}{P_{Qw}} = \frac{R_a/R_i}{(1 + R_a/R_i)^2 + ([X_a + X_i]/R_i)^2}.$$

---

[1] Die Beträge komplexer Spannungs- und Stromzeiger sind in diesem Buch als Amplituden zu verstehen. Man erhält den Effektivwert durch Division mit $\sqrt{2}$ (siehe auch Tabelle auf Seite 131 und Fußnote auf Seite 84).

Die Funktion $P_{aw}(R_a, X_a)/P_{Qw}$ hat bei vorgegebenem $Z_i = R_i + jX_i$ ein Maximum bei

$$R_a = R_i$$

und

$$X_a = -X_i.$$

Man erreicht also ein absolutes Maximum der Wirkleistung, wenn die Wirkwiderstände gleich sind und der Blindwiderstand der Quelle durch einen gleich großen Blindwiderstand entgegengesetzten Vorzeichens kompensiert wird.

Da in diesem Fall $Z_a = Z_i^*$ ist, spricht man von konjugiert komplexer Anpassung, und es gilt

$$P_{aw\,max} = P_{Qw}/4.$$

Wenn die Blindwiderstände und der Wirkwiderstand der Quelle vorgegeben sind, wird die Klemmenwirkleistung ein Maximum für

$$R_a = \sqrt{R_i{}^2 + (X_i + X_a)^2},$$

d. h. für den Fall, daß der Wirkwiderstand des Verbrauchers gleich dem Betrag aller übrigen Wirk- und Blindwiderstände des Systems wird.

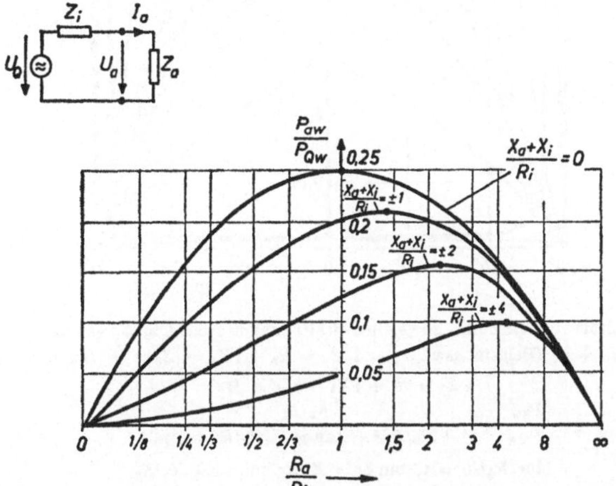



Bild A 2.7　Verhältnis von Klemmen- zu Quellenwirkleistung in Abhängigkeit von $R_a/R_i$ mit $|X_i + X_a|/R_i$ als Parameter (gedrängter Maßstab).

$Z_i = R_i + jX_i$, $Z_a = R_a + jX_a$, $P_{aw} = |I_{aeff}|^2 \cdot R_a$, $P_{Qw} = |U_{Qeff}|^2/R_i$,

$$\frac{P_{aw}}{P_{Qw}} = \frac{R_a/R_i}{(1 + R_a/R_i)^2 + ([X_a + X_i]/R_i)^2}.$$

Bild A 2.7 zeigt die Abhängigkeit der Klemmenwirkleistung von dem Verhältnis $R_a/R_i$ mit $(X_a + X_i)/R_i$ als Parameter. Das absolute Maximum wird mit $P_{Qw}/4$ nur erreicht, wenn $R_a = R_i$ und $X_a = -X_i$

ist, d.h. wenn $Z_a = Z_i^*$ ist (konjugiert komplexe Anpassung). In allen anderen Fällen gibt es nur ein relatives Maximum, das stets niedriger liegt als $P_{Qw}/4$.

Führt man die Phasenwinkel $\varphi_i = \operatorname{arc\,tan}(X_i/R_i)$ und $\varphi_a = \operatorname{arc\,tan}(X_a/R_a)$ ein, kann man das Verhältnis der Klemmenwirkleistung zur Quellenwirkleistung auch wie folgt beschreiben:

$$\frac{P_{aw}}{P_{Qw}} = \frac{R_a/R_i}{(1 + R_a/R_i)^2 + (\tan\varphi_i + [R_a/R_i]\tan\varphi_a)^2}.$$

Aus dieser Schreibweise erkennt man, daß die abgegebene Wirkleistung nicht wie die Scheinleistung in Abhängigkeit von zwei unabhängigen Veränderlichen $R_a/R_i$ und $\varphi_a - \varphi_i$ beschrieben werden kann. Man muß sich jetzt auf spezielle Fälle beschränken.

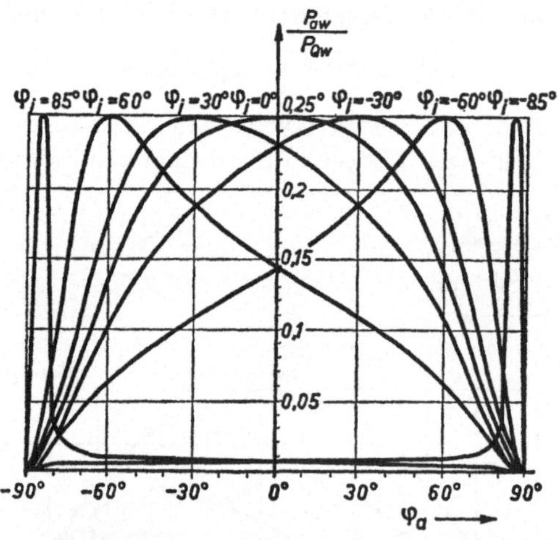


Bild A 2.8  Verhältnis von Klemmen- zu Quellenwirkleistung in Abhängigkeit von $\varphi_a$ mit $\varphi_i$ als Parameter für $R_a = R_i$ (Belastungswiderstand $Z_a = R_a + jX_a = |Z_a|\,e^{j\varphi_a}$; Innenwiderstand $Z_i = R_i + jX_i = |Z_i|\,e^{j\varphi_i}$).

$$\frac{P_{aw}}{P_{Qw}} = \frac{R_a/R_i}{(1 + R_a/R_i)^2 + (\tan\varphi_i + [R_a/R_i]\tan\varphi_a)^2}$$

für $R_a/R_i = 1$, $\tan\varphi_i = X_i/R_i$, $\tan\varphi_a = X_a/R_a$.

Bild A 2.8 zeigt für den speziellen Fall $R_a = R_i$ die Abhängigkeit der Klemmenwirkleistung von $\varphi_a$ mit $\varphi_i$ als Parameter. Man erkennt, daß die Kompensation der Blindwiderstände um so kritischer wird, je näher sich $\varphi_i$ dem Winkel 90° nähert. Da $\varphi_a$ und $\varphi_i$ frequenzabhängig sind, heißt das, daß bei großem $\varphi_i$ eine Kompensation der Blindwiderstände nur in einem engen Frequenzbereich möglich ist (schmalbandige Leistungsanpassung). Bild A 2.9 zeigt dies noch einmal etwas deutlicher. Hier ist ein Generator mit induktivem Innenwiderstand, kapazitivem

Verbraucherwiderstand und gleich großen Wirkwiderständen ($R_\mathrm{a} = R_\mathrm{i}$) angenommen. Die Kurvenscharen sind über der Verstimmung $v = \omega/\omega_0 - \omega_0/\omega$ mit arc tan ($\omega_0 L_\mathrm{i}/R_\mathrm{i}$) als Parameter aufgetragen $\left(\omega_0 = 1/\sqrt{L_\mathrm{i}C_\mathrm{a}}\right)$.

Wenn die Blindwiderstände groß gegen die Wirkwiderstände sind [arc tan ($\omega L_\mathrm{i}/R_\mathrm{i}$) $\rightarrow$ 90°], genügen schon geringfügige Verstimmungen gegenüber der Kompensationsfrequenz $\omega_0$, um die Klemmenwirkleistung

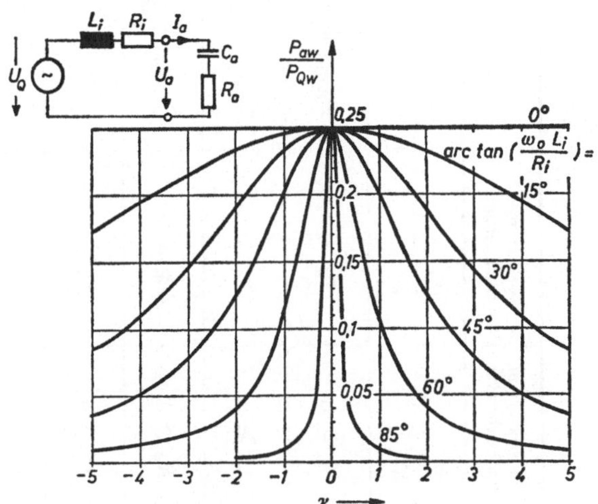


Bild A 2.9 Verhältnis von Klemmen- zu Quellenwirkleistung als Funktion der Verstimmung $v$ mit arc tan ($\omega_0 L_\mathrm{i}/R_\mathrm{i}$) als Parameter bei $R_\mathrm{a} = R_\mathrm{i}$.

$$\frac{P_\mathrm{aw}}{P_\mathrm{Qw}} = \frac{R_\mathrm{a}/R_\mathrm{i}}{(1 + R_\mathrm{a}/R_\mathrm{i})^2 + v^2(\omega_0 L_\mathrm{i}/R_\mathrm{i})^2}$$

$$\text{für } R_\mathrm{a}/R_\mathrm{i} = 1, \quad \omega_0 = 1/\sqrt{L_\mathrm{i}C_\mathrm{a}};$$

$$v = \omega/\omega_0 - (R_\mathrm{a}/R_\mathrm{i})\,\omega_0/\omega.$$

stark abfallen zu lassen. Nur wenn die Blindwiderstände klein gegenüber den Wirkwiderständen sind [arc tan ($\omega L_\mathrm{i}/R_\mathrm{i}$) $\rightarrow$ 0°], ist die Leistungsanpassung unabhängig von der Frequenz (breitbandige Leistungsanpassung).

In der Energietechnik kann bei Speisung mit konstanter Frequenz eine Kompensation der Blindwiderstände nützlich sein. In der Nachrichtenübertragungstechnik dagegen wird man mit Rücksicht auf die breiten Frequenzspektren vieler Signale anstreben, die Blindwiderstände an sich möglichst klein zu halten.

Die beiden Tabellen auf Seite 130 und 131 enthalten eine Zusammenstellung optimaler Anpassungsbedingungen unter verschiedenen Randbedingungen bei Gleichstrom und Wechselstrom.

## Anpassungsbedingungen bei Gleichstrom

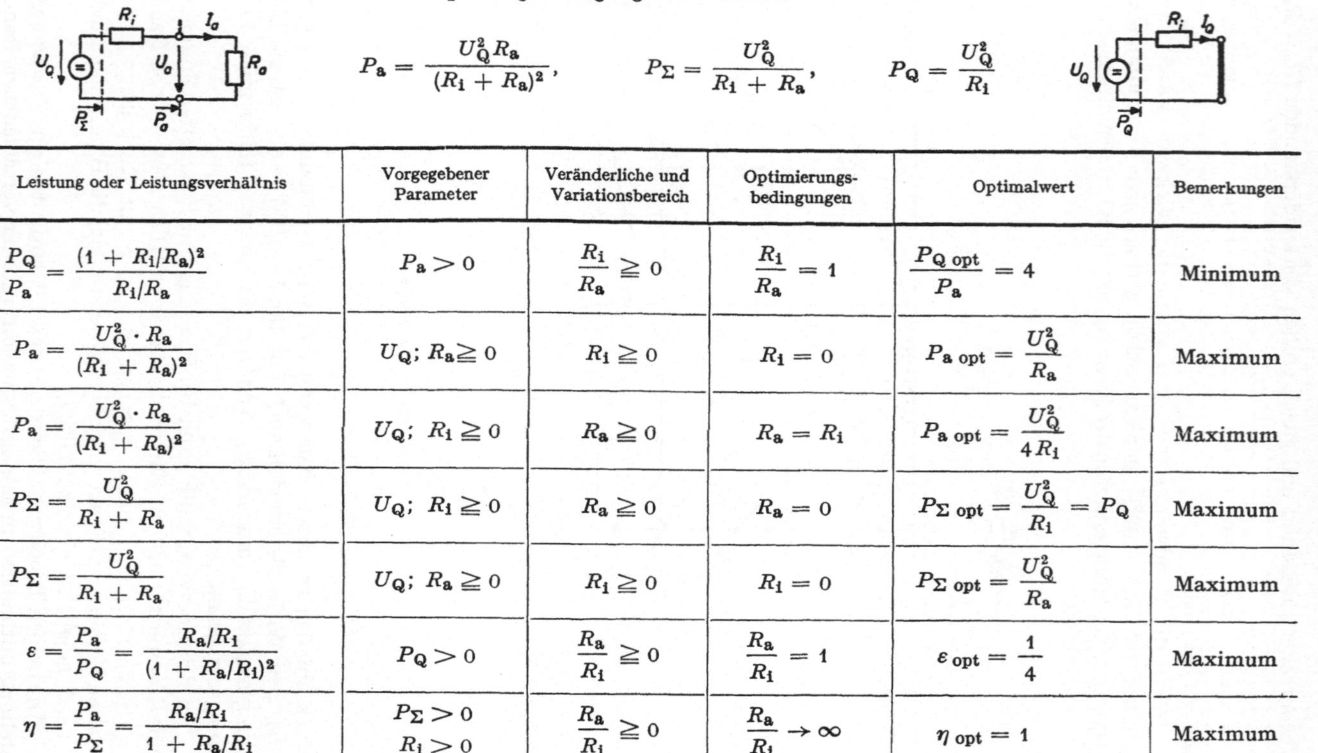

$$P_\mathrm{a} = \frac{U_\mathrm{Q}^2 R_\mathrm{a}}{(R_\mathrm{i} + R_\mathrm{a})^2}, \qquad P_\Sigma = \frac{U_\mathrm{Q}^2}{R_\mathrm{i} + R_\mathrm{a}}, \qquad P_\mathrm{Q} = \frac{U_\mathrm{Q}^2}{R_\mathrm{i}}$$

| Leistung oder Leistungsverhältnis | Vorgegebener Parameter | Veränderliche und Variationsbereich | Optimierungs-bedingungen | Optimalwert | Bemerkungen |
|---|---|---|---|---|---|
| $\dfrac{P_\mathrm{Q}}{P_\mathrm{a}} = \dfrac{(1 + R_\mathrm{i}/R_\mathrm{a})^2}{R_\mathrm{i}/R_\mathrm{a}}$ | $P_\mathrm{a} > 0$ | $\dfrac{R_\mathrm{i}}{R_\mathrm{a}} \geqq 0$ | $\dfrac{R_\mathrm{i}}{R_\mathrm{a}} = 1$ | $\dfrac{P_\mathrm{Q\,opt}}{P_\mathrm{a}} = 4$ | Minimum |
| $P_\mathrm{a} = \dfrac{U_\mathrm{Q}^2 \cdot R_\mathrm{a}}{(R_\mathrm{i} + R_\mathrm{a})^2}$ | $U_\mathrm{Q};\ R_\mathrm{a} \geqq 0$ | $R_\mathrm{i} \geqq 0$ | $R_\mathrm{i} = 0$ | $P_\mathrm{a\,opt} = \dfrac{U_\mathrm{Q}^2}{R_\mathrm{a}}$ | Maximum |
| $P_\mathrm{a} = \dfrac{U_\mathrm{Q}^2 \cdot R_\mathrm{a}}{(R_\mathrm{i} + R_\mathrm{a})^2}$ | $U_\mathrm{Q};\ R_\mathrm{i} \geqq 0$ | $R_\mathrm{a} \geqq 0$ | $R_\mathrm{a} = R_\mathrm{i}$ | $P_\mathrm{a\,opt} = \dfrac{U_\mathrm{Q}^2}{4 R_\mathrm{i}}$ | Maximum |
| $P_\Sigma = \dfrac{U_\mathrm{Q}^2}{R_\mathrm{i} + R_\mathrm{a}}$ | $U_\mathrm{Q};\ R_\mathrm{i} \geqq 0$ | $R_\mathrm{a} \geqq 0$ | $R_\mathrm{a} = 0$ | $P_\Sigma\,\mathrm{opt} = \dfrac{U_\mathrm{Q}^2}{R_\mathrm{i}} = P_\mathrm{Q}$ | Maximum |
| $P_\Sigma = \dfrac{U_\mathrm{Q}^2}{R_\mathrm{i} + R_\mathrm{a}}$ | $U_\mathrm{Q};\ R_\mathrm{a} \geqq 0$ | $R_\mathrm{i} \geqq 0$ | $R_\mathrm{i} = 0$ | $P_\Sigma\,\mathrm{opt} = \dfrac{U_\mathrm{Q}^2}{R_\mathrm{a}}$ | Maximum |
| $\varepsilon = \dfrac{P_\mathrm{a}}{P_\mathrm{Q}} = \dfrac{R_\mathrm{a}/R_\mathrm{i}}{(1 + R_\mathrm{a}/R_\mathrm{i})^2}$ | $P_\mathrm{Q} > 0$ | $\dfrac{R_\mathrm{a}}{R_\mathrm{i}} \geqq 0$ | $\dfrac{R_\mathrm{a}}{R_\mathrm{i}} = 1$ | $\varepsilon_\mathrm{opt} = \dfrac{1}{4}$ | Maximum |
| $\eta = \dfrac{P_\mathrm{a}}{P_\Sigma} = \dfrac{R_\mathrm{a}/R_\mathrm{i}}{1 + R_\mathrm{a}/R_\mathrm{i}}$ | $P_\Sigma > 0$<br>$R_\mathrm{i} > 0$ | $\dfrac{R_\mathrm{a}}{R_\mathrm{i}} \geqq 0$ | $\dfrac{R_\mathrm{a}}{R_\mathrm{i}} \to \infty$ | $\eta_\mathrm{opt} = 1$ | Maximum |

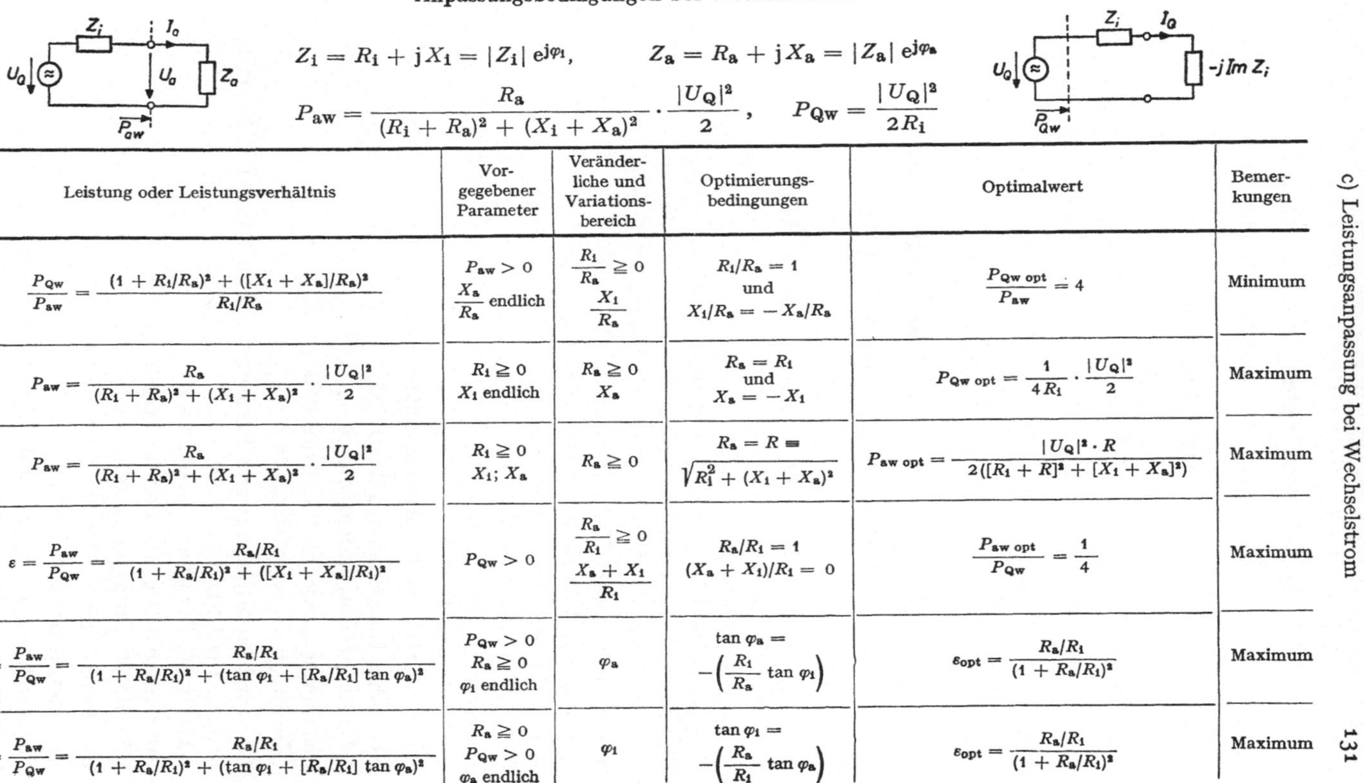

$$Z_i = R_i + jX_1 = |Z_i|\,e^{j\varphi_1}, \qquad Z_a = R_a + jX_a = |Z_a|\,e^{j\varphi_a}$$

$$P_{aw} = \frac{R_a}{(R_i + R_a)^2 + (X_1 + X_a)^2} \cdot \frac{|U_Q|^2}{2}, \qquad P_{Qw} = \frac{|U_Q|^2}{2R_i}$$

| Leistung oder Leistungsverhältnis | Vor-gegebener Parameter | Veränderliche und Variations-bereich | Optimierungs-bedingungen | Optimalwert | Bemer-kungen |
|---|---|---|---|---|---|
| $\dfrac{P_{Qw}}{P_{aw}} = \dfrac{(1 + R_1/R_a)^2 + ([X_1 + X_a]/R_a)^2}{R_1/R_a}$ | $P_{aw} > 0$ <br> $\dfrac{X_a}{R_a}$ endlich | $\dfrac{R_1}{R_a} \geqq 0$ <br> $\dfrac{X_1}{R_a}$ | $R_1/R_a = 1$ <br> und <br> $X_1/R_a = -X_a/R_a$ | $\dfrac{P_{Qw\,opt}}{P_{aw}} = 4$ | Minimum |
| $P_{aw} = \dfrac{R_a}{(R_1 + R_a)^2 + (X_1 + X_a)^2} \cdot \dfrac{|U_Q|^2}{2}$ | $R_1 \geqq 0$ <br> $X_1$ endlich | $R_a \geqq 0$ <br> $X_a$ | $R_a = R_1$ <br> und <br> $X_a = -X_1$ | $P_{Qw\,opt} = \dfrac{1}{4R_1} \cdot \dfrac{|U_Q|^2}{2}$ | Maximum |
| $P_{aw} = \dfrac{R_a}{(R_1 + R_a)^2 + (X_1 + X_a)^2} \cdot \dfrac{|U_Q|^2}{2}$ | $R_1 \geqq 0$ <br> $X_1;\ X_a$ | $R_a \geqq 0$ | $R_a = R \equiv$ <br> $\sqrt{R_1^2 + (X_1 + X_a)^2}$ | $P_{aw\,opt} = \dfrac{|U_Q|^2 \cdot R}{2([R_1 + R]^2 + [X_1 + X_a]^2)}$ | Maximum |
| $\varepsilon = \dfrac{P_{aw}}{P_{Qw}} = \dfrac{R_a/R_1}{(1 + R_a/R_1)^2 + ([X_1 + X_a]/R_1)^2}$ | $P_{Qw} > 0$ | $\dfrac{R_a}{R_1} \geqq 0$ <br> $\dfrac{X_a + X_1}{R_1}$ | $R_a/R_1 = 1$ <br> $(X_a + X_1)/R_1 = 0$ | $\dfrac{P_{aw\,opt}}{P_{Qw}} = \dfrac{1}{4}$ | Maximum |
| $\varepsilon = \dfrac{P_{aw}}{P_{Qw}} = \dfrac{R_a/R_1}{(1 + R_a/R_1)^2 + (\tan\varphi_1 + [R_a/R_1]\tan\varphi_a)^2}$ | $P_{Qw} > 0$ <br> $R_a \geqq 0$ <br> $\varphi_1$ endlich | $\varphi_a$ | $\tan\varphi_a =$ <br> $-\left(\dfrac{R_1}{R_a}\tan\varphi_1\right)$ | $\varepsilon_{opt} = \dfrac{R_a/R_1}{(1 + R_a/R_1)^2}$ | Maximum |
| $\varepsilon = \dfrac{P_{aw}}{P_{Qw}} = \dfrac{R_a/R_1}{(1 + R_a/R_1)^2 + (\tan\varphi_1 + [R_a/R_1]\tan\varphi_a)^2}$ | $R_a \geqq 0$ <br> $P_{Qw} > 0$ <br> $\varphi_a$ endlich | $\varphi_1$ | $\tan\varphi_1 =$ <br> $-\left(\dfrac{R_a}{R_1}\tan\varphi_a\right)$ | $\varepsilon_{opt} = \dfrac{R_a/R_1}{(1 + R_a/R_1)^2}$ | Maximum |

### d) Relativer Leistungsanpassungsfehler

Die Differenz zwischen der maximal möglichen Klemmenwirkleistung bei konjugiert komplexer Anpassung und der Klemmenwirkleistung bei davon abweichender Belastung ist

$$P_{aw\,max} - P_{aw} = \frac{P_{Qw}}{4} - P_{aw} = \frac{|U_Q|^2}{8\,R_i} - \frac{|U_Q|^2}{2} \cdot \frac{R_a}{(R_i+R_a)^2+(X_i+X_a)^2}.$$

Daraus leitet man den relativen Leistungsanpassungsfehler ab:

$$\frac{P_{aw\,max} - P_{aw}}{P_{aw\,max}} = \frac{|Z_i - Z_a^*|^2}{|Z_i + Z_a|^2} = \frac{|Z_i^* - Z_a|^2}{|Z_i + Z_a|^2}.$$

# A 3. Übersichten und Diagramme

## a) Wichtige Organisationen und Verbände

### (Stand 1967)

Union Internationale des Télécommunications (UIT),
    auch International Telecommunication Union (ITU),
    auch Internationaler Fernmeldeverein (IFV),
Genf/Schweiz, Palais Wilson, Rue de Varambé 2.

Comité Consultatif International Téléphonique et Télégraphique (CCITT),
Genf/Schweiz, Palais Wilson, Rue de Varambé 2.

Verband Deutscher Elektrotechniker e.V. (VDE),
6 Frankfurt/Main 70, Stresemannallee 21.

Nachrichtentechnische Gesellschaft im VDE (NTG),
6 Frankfurt/Main 70, Stresemannallee 21.

Deutsche Sektion (Region 8) des Institute of Electrical and Electronics
    Engineers (IEEE),
6 Frankfurt/Main 70, Stresemannallee 21.

Deutscher Normenausschuß (DNA),
1 Berlin 30, Burggrafenstraße 4—7.

Fachnormenausschuß Elektrotechnik (FNE),
1 Berlin 30, Burggrafenstraße 4—7.

Ausschuß für Einheiten und Formelgrößen im Deutschen Normenausschuß (AEF),
1 Berlin 30, Burggrafenstraße 4—7.

International Organization for Standardization (ISO),
1 Berlin 30, Burggrafenstraße 4—7.

Bundesministerium für das Post- und Fernmeldewesen,
53 Bonn, Adenauerallee 81.

Fernmeldetechnisches Zentralamt der Bundespost (FTZ),
61 Darmstadt, Rheinstraße 110.

## b) Fernmeldeanlagen im Bereich der Bundesrepublik Deutschland

(Stand 1967)

| | | | der Verbindungswege | der Sender | der Vermittlungseinrichtungen | der Endgeräte |
|---|---|---|---|---|---|---|
| | | | **Bereitstellung und Betrieb** | | | |
| Nachrichtenübermittlung (Punkt-Punkt) | Sprachübertragung | Öffentliches Fernsprechnetz | DBP | — | DBP | DBP/priv. |
| | | Nebenstellenanlagen | DBP/priv. | — | DBP/priv. | DBP/priv. |
| | | ÖBL | — | DBP | DBP | priv. |
| | | Betriebsfunk (z. B. Taxifunk) | — | priv. | priv. | priv. |
| | | Seefunk | — | — | DBP | priv. |
| | | BASA | priv./DBP | — | priv. | priv. |
| | | EVU | priv./DBP | — | priv. | priv. |
| | | Bundeswehr | DBP/priv. | — | DBP/priv. | priv. |
| | | Polizei | DBP/priv. | — | DBP/priv. | DBP/priv. |
| | | Feuerwehr | DBP/priv. | — | DBP/priv. | DBP/priv. |
| | | Telegrammdienst | DBP | — | DBP | DBP |
| | Alphanumerisch | Telex | DBP | — | DBP | priv. |
| | | Datex | DBP | DBP | DBP | |
| | | Seefunk | — | — | DBP | priv. |
| | | Wetter | priv./DBP | — | priv. | priv. |
| | | Presse | DBP | — | priv. | priv. |
| | | Fernmeßübertragung | priv./DBP | — | — | priv. |
| Nachrichtenverbreitung | | Ton-Rundfunk | DBP | DBP/priv. | — | priv. |
| | | Fernseh-Rundfunk | DBP | DBP/priv. | — | priv. |
| Stationierungsstreitkräfte | | | — | — | — | — |

*Abkürzungen:* BASA — Bahnselbstanschlußnetz, DBP — Deutsche Bundespost, EVU — Elektrizitätsversorgungsunternehmen, ÖBL — Öffentlicher beweglicher Landfunk, priv. — privat, Datex — Data exchange (Datenübertragungsdienst), Telex — Teleprinter exchange (Fernschreibdienst).

*Rechtsgrundlagen:* Telegraphenwegegesetz (1899), Gesetz für Fernmeldeanlagen (1928), Telegraphenordnung (1938), Verordnung über Funknachrichten an mehrere Empfänger (1950), Fernsprechordnung (1939), Verordnung über Nebentelegraphen und Fernschreibdienst (1952), Verordnung über Privatfernmeldeanlagen (1953), Vollzugsordnung für den Funkdienst (1947), Gesetz über den Amateurfunk (1949), Truppenvertrag (1961).

*Literatur:* AUBERT, I.: Fernmelderecht, Hamburg: G. Schenk 1962.

## c)  Neper- und Dezibeldiagramm (0···120 dB)

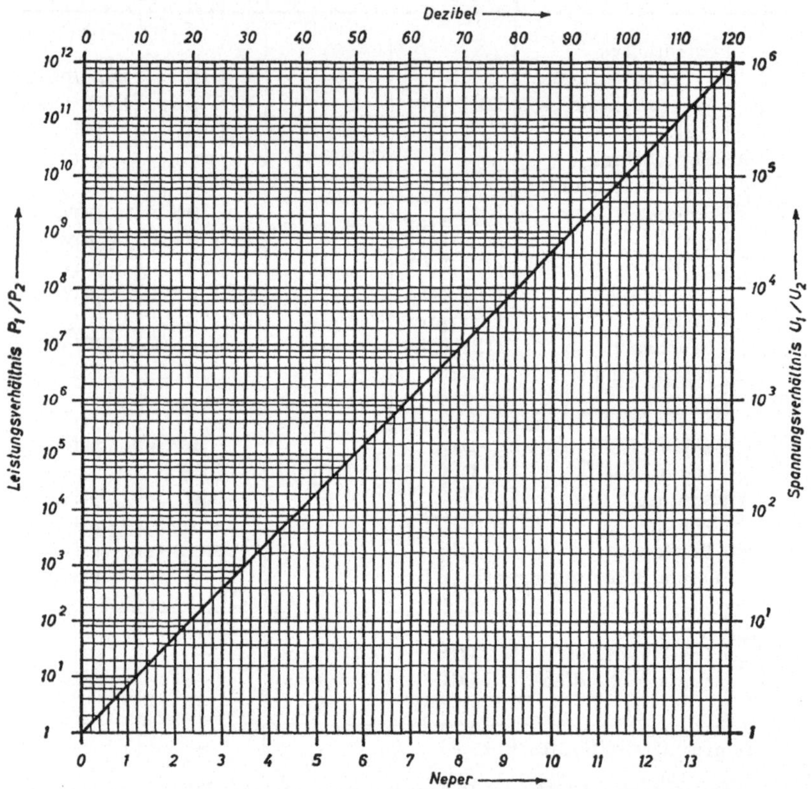



Bild A 3.1  Logarithmierte Leistungs- und Spannungsverhältnisse in Neper und Dezibel (0···120 dB).

# d) Neper- und Dezibeldiagramm (0··· 10 dB)

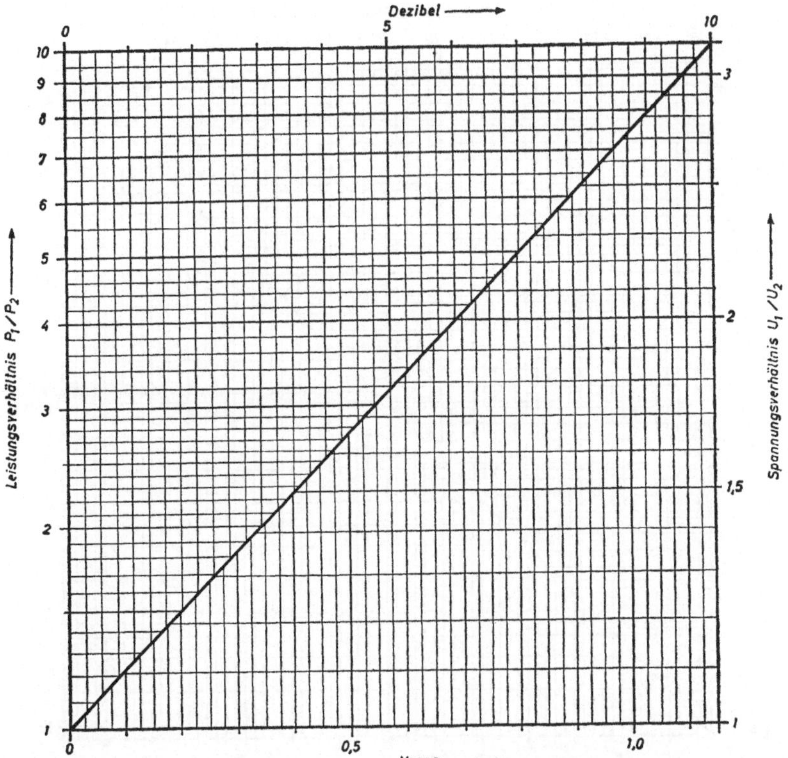


Bild A 3.2 Logarithmierte Leistungs- und Spannungsverhältnisse in Neper und Dezibel (0···10 dB).

## e) Leistungs- und Spannungspegeldiagramm

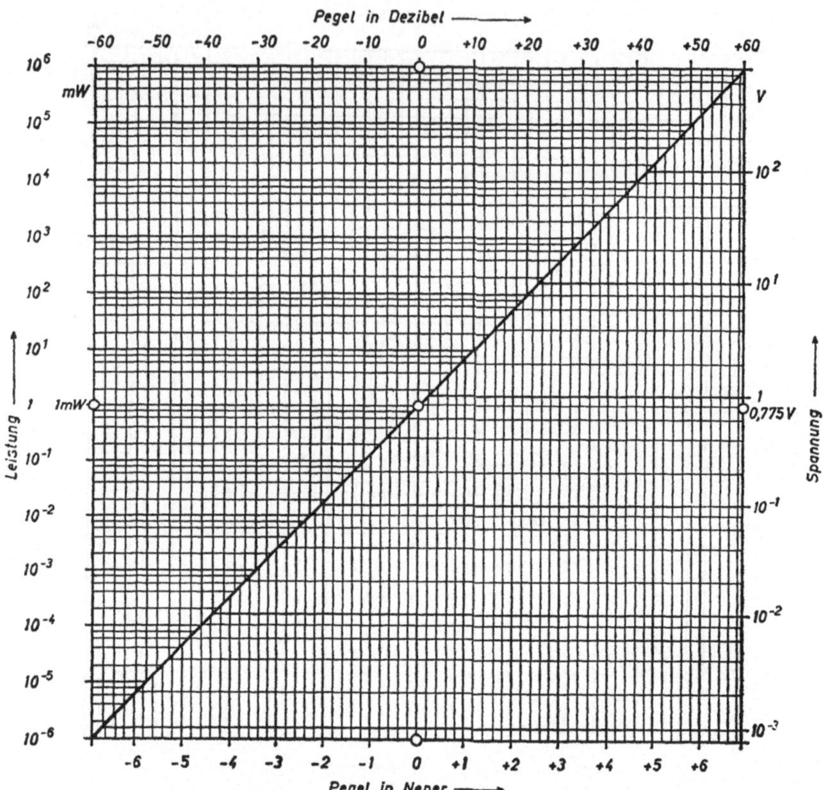



Bild A 3.3 Leistungs- und Spannungspegel, bezogen auf 1 mW an 600 Ω.

## f)  Schallpegeldiagramm

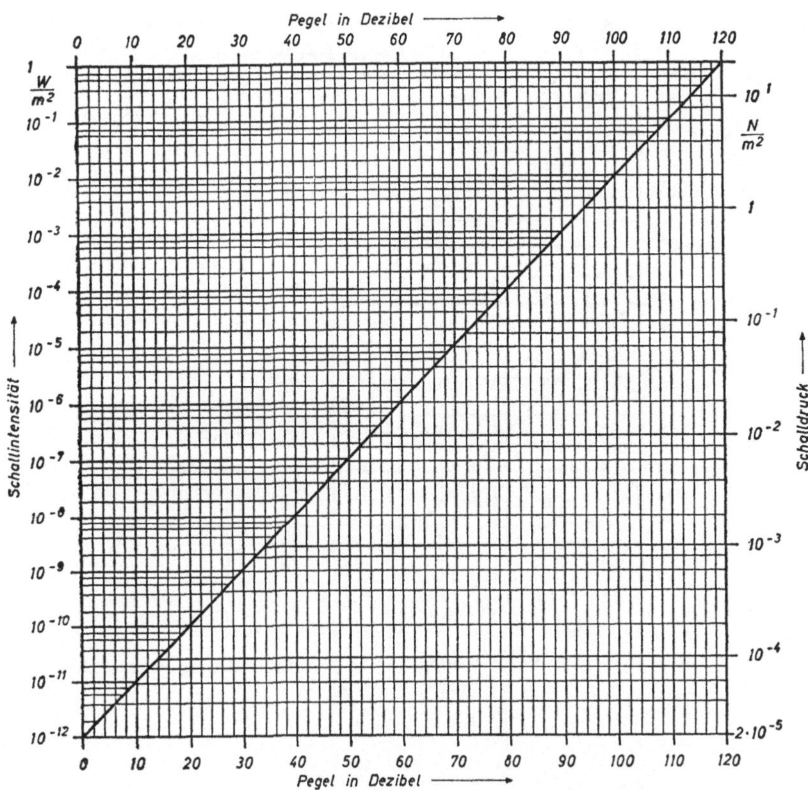


Bild A 3.4  Schallpegel, bezogen auf die Hörschwelle bei 1000 Hz.

$$p_0 = 2 \cdot 10^{-5}\,\text{N/m}^2 = 2 \cdot 10^{-4}\,\mu\text{bar},$$
$$J_0 = 10^{-12}\,\text{W/m}^2 = 10^{-16}\,\text{mW/cm}^2.$$

## g) Wellenlängendiagramm

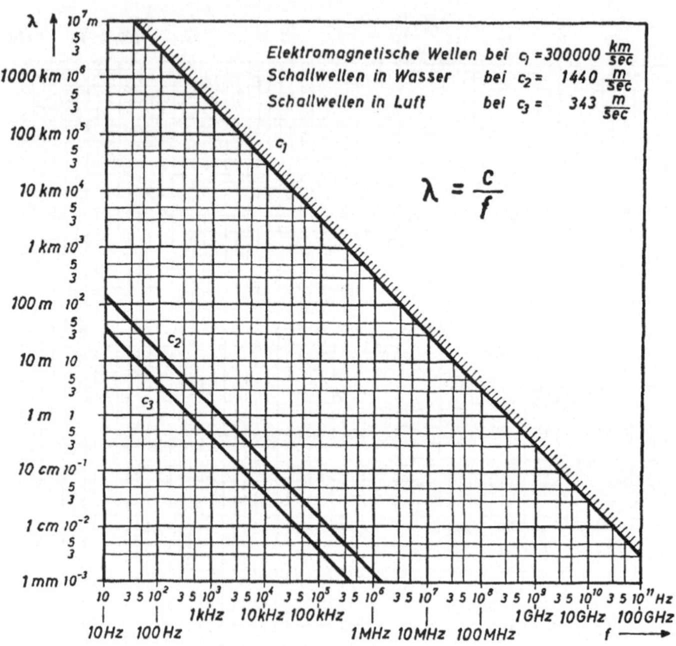


Bild A 3.5 Zusammenhang zwischen Wellenlänge und Frequenz für elektromagnetische Wellen und Schallwellen in Wasser und Luft.

## h) Häufig benutzte Funktionen und ihre Näherungen

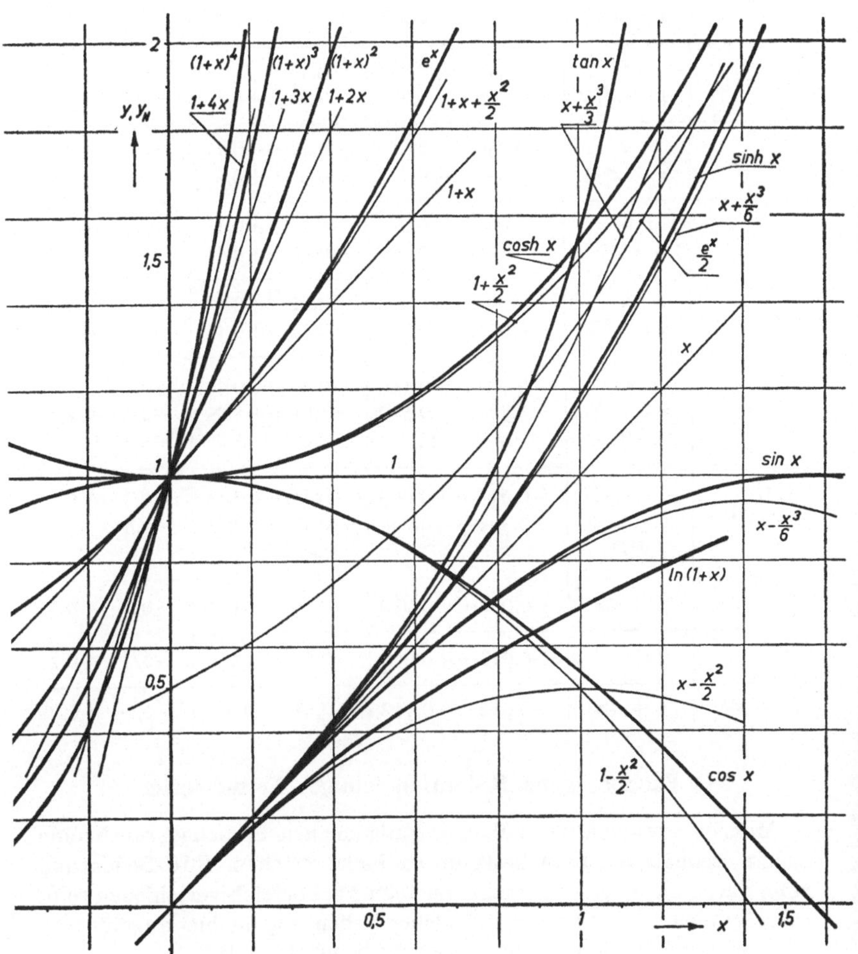



Bild A 3.6 Häufig benutzte Funktionen und ihre Näherungen durch Reihenentwicklungen.

## i) Fehlergrenzen einfacher Näherungsformeln

| Aus-druck $y =$ | Näherungs-formel $y_N =$ | $\dfrac{y - y_N}{y} \leqq 0{,}1\,\%$ bei $x =$ | $\dfrac{y - y_N}{y} \leqq 1\,\%$ bei $x =$ | $\dfrac{y - y_N}{y} \leqq 10\,\%$ bei $x =$ |
|---|---|---|---|---|
| $\sin x$ | $x$ | $-0{,}077\cdots+0{,}077$ | $-0{,}24\cdots+0{,}24$ | $-0{,}8\cdots+0{,}8$ |
|  | $x - x^3/6$ | $-0{,}580\cdots+0{,}580$ | $-1{,}01\cdots+1{,}01$ | $-1{,}6\cdots+1{,}6$ |
| $\cos x$ | $1$ | $-0{,}045\cdots+0{,}045$ | $-0{,}14\cdots+0{,}14$ | $-0{,}4\cdots+0{,}4$ |
|  | $1 - x^2/2$ | $-0{,}386\cdots+0{,}386$ | $-0{,}66\cdots+0{,}66$ | $-1{,}1\cdots+1{,}1$ |
| $\tan x$ | $x$ | $-0{,}054\cdots+0{,}054$ | $-0{,}17\cdots+0{,}17$ | $-0{,}5\cdots+0{,}5$ |
|  | $x + x^3/3$ | $-0{,}293\cdots+0{,}293$ | $-0{,}52\cdots+0{,}52$ | $-0{,}9\cdots+0{,}9$ |
| $e^x$ | $1 + x$ | $-0{,}044\cdots+0{,}044$ | $-0{,}14\cdots+0{,}15$ | $-0{,}4\cdots+0{,}5$ |
|  | $1 + x + x^2/2$ | $-0{,}174\cdots+0{,}191$ | $-0{,}36\cdots+0{,}44$ | $-0{,}7\cdots+1{,}1$ |
| $\ln(1 + x)$ | $x$ | $-0{,}003\cdots+0{,}003$ | $-0{,}02\cdots+0{,}02$ | $-0{,}2\cdots+0{,}2$ |
|  | $x - x^2/2$ | $-0{,}05\ \cdots+0{,}05$ | $-0{,}17\cdots+0{,}18$ | $-0{,}5\cdots+0{,}6$ |
| $\sinh x$ | $x$ | $-0{,}182\cdots+0{,}182$ | $-0{,}39\cdots+0{,}39$ | $-0{,}8\cdots+0{,}8$ |
|  | $x + x^3/6$ | $-0{,}599\cdots+0{,}599$ | $-1{,}09\cdots+1{,}09$ | $-2{,}1\cdots+2{,}1$ |
|  | $e^x/2$ | $> +3{,}457$ | $> +2{,}33$ | $> +1{,}2$ |
| $\cosh x$ | $1$ | $-0{,}045\cdots+0{,}045$ | $-0{,}14\cdots+0{,}14$ | $-0{,}5\cdots+0{,}5$ |
|  | $1 + x^2/2$ | $-0{,}394\cdots+0{,}394$ | $-0{,}75\cdots+0{,}75$ | $-1{,}5\cdots+1{,}5$ |
|  | $e^x/2$ | $> +3{,}456$ | $> +2{,}30$ | $> +1{,}1$ |
| $(1 + x)^2$ | $1 + 2x$ | $-0{,}032\cdots+0{,}032$ | $-0{,}09\cdots+0{,}11$ | $-0{,}2\cdots+0{,}5$ |
| $(1 + x)^3$ | $1 + 3x$ | $-0{,}018\cdots+0{,}018$ | $-0{,}05\cdots+0{,}06$ | $-0{,}1\cdots+0{,}2$ |
| $(1 + x)^4$ | $1 + 4x$ | $-0{,}012\cdots+0{,}012$ | $-0{,}04\cdots+0{,}05$ | $-0{,}1\cdots+0{,}2$ |

## j) Fachbezogene Bedeutung einiger Fremdwörter

Manche Fremdwörter haben im allgemeinen Sprachgebrauch eine andere Bedeutung als in bestimmten Fachbereichen. Ihre Bedeutung kann darüber hinaus von Fachbereich zu Fachbereich verschieden sein. Im folgenden wird erläutert, in welcher Bedeutung die hier angeführten Fremdwörter im Rahmen dieses Buches benutzt werden.

*Alternative:* Entscheidung zwischen zwei Möglichkeiten (siehe auch Elementarentscheidung).

*binär:* nur zweier Werte fähig.

*diskret:* abgetrennt. (Beispiel: Buchstaben werden als diskrete Zeichen eines Alphabetes bezeichnet.)

*elementar:* auf (wenige) Grundelemente zurückgeführt. (Beispiele: Elementarsignal = einfachste Grundform eines Signales, Elementarentscheidung = Entscheidung zwischen nur zwei Möglichkeiten.)

*homogen:* gleichförmig. (Beispiel: Eine Leitung wird homogen genannt, wenn entlang der ganzen Leitung ihre elektrischen Eigenschaften gleich bleiben.)

*komplexe Schreibweise:* Beschreibung von Eigenschaften oder Vorgängen in der Gaußschen Zahlenebene.

*kontinuierliche Signale:* Signale, deren für die Nachricht signifikante Merkmale jeden beliebigen Wert eines Bereiches annehmen können. Gegensatz: *diskontinuierliche Signale,* deren signifikante Merkmale auf eine endliche Anzahl diskreter Werte beschränkt sind.

*quantisieren:* in eine endliche Zahl von Wertestufen einordnen.

*relevant:* erheblich, wichtig. (Beispiel: Für die Erkennbarkeit eines Buchstabens ist im allgemeinen seine Form relevant, nicht aber seine Farbe.)

*reziprok:* im Kehrverhältnis stehend, einen Kehrwert bildend.

*signifikant:* kennzeichnend. (Beispiel: Je nach der Modulationsart kann die Amplitude, die Phase oder die Frequenz einer Trägerschwingung für die übertragene Nachricht signifikant sein.)

*Spektrum:* Beschreibung einer Zeitfunktion durch ihre Teilschwingungen, deren Amplituden (und Phasen) über der Frequenzachse aufgetragen werden.

# Sachverzeichnis


Abfrageeinrichtung 30
Abklingkonstante 117
Ableitungsbelag 94
Abtasttheorem 112
Abtastung 39, 72, 115
Abtastzeit 37
alphanumerischer Text 6, 11, 15
Amplitudenfaktor 106
Amplitudenmodulation 74
Amplitudenverzerrung 107
Amt 27
analoge Abbildung 4
Anker 28
Anlaufschritt 14
Anpassung 127, 128
Anpassungsübertrager 100
Anrufklinke 30
Anrufsucher 31
Anrufzeichen 30
Arbeitskontakt 28
Arbeitsstromtelegraphie 10, 11
Arbeitswicklung 35
Ausgangsleistung 122

Bandpaßsystem 18
Baud 17
Bauelemente, elektronische 36
Belastungsleitwert 121
Belastungswiderstand 120
Besetzteinfluß 27
Betriebsdämpfungsmaß 101
Bezugspunkt 120
Bildabtastung 36
Bildelement 37, 38
Bildsynthese 36
Bildtelegraphie 36
Bildwechselfrequenz 39
Binärcode, fünfstelliger 11, 12, 14
—, siebenstelliger 15, 112
—, achtstelliger 112
Bit 114
— pro Sekunde 17, 114
Branddetektor 62

CCITT 72
Cent 119
Code 5
Code-Schrift-Verfahren 8, 9
Code-Selektions-Verfahren 8, 9
Code-Verfahren 6

Dämpfung 63, 117
—, räumliche 118
—, zeitliche 117
Dämpfungsbelag 96
Dämpfungsgrad 117
Dämpfungskonstante 118
Dämpfungsmaß 119
Dämpfungsverzerrung 107
Datenübertragung 19, 66
Dauermagnet 23
Dekrement, logarithmisches 117
Demodulation 76
Detektoren, Einbruchs- und Diebstahls- 62
Dezibel 53, 119
Differentialübertrager 25, 70
digitale Abbildung 5
diskret 6, 58, 59, 112
Doppelleitung, homogene 92
Doppelstromtelegraphie 11
Doppeltontelegraphie 11
Doppelverbindung 29
Drosselspule 25
Druckempfänger 51
Druckgradientenempfänger 51
Duplexbetrieb 24, 69
Dynamik eines Signals 111

Eingangswiderstand eines Vierpols 86, 88
Einhüllende 117
Einschwingverhalten 108
Einschwingzeit 18, 108
Einseitenbandmodulation 76
Eintor 85
Einzelkontakte 31

Elektroakustik 41
Elementarsignal 5
Elongation 44
Elongationswandler 44
Empfangsfunktion 105
Empfangsgerät 3
Energiequelle 85, 120
Energiesenke 85
Erreichbarkeit 33
Expansion 32

Faksimiletelegraphie 36, 37
Farbschreiber 11
Fehlererkennung 15, 60
Fehlergrenzen von Näherungsformeln 140
Fehlverbindung 29
Fernmeldeanlagen 133
Fernmessung 55
Fernschreibcode 12
Fernschreibmaschine 11
Fernsprechfernverkehr 36
Fernsprechgeheimnis 27
Fernsprechnetz 26
Fernsprechrelais, neutrales 28
Fernsprechtechnik 19
Fernsteuerung 27, 31, 34, 55, 60
Fernwirktechnik 55
ferromagnetisch 23
Fliehkraftregler 34
Formant 80
Fortpflanzungsgeschwindigkeit 45
Fortpflanzungskonstante, komplexe 96
Frei 30
Fremdworte, Erläuterungen 140
Frequenz, diskrete 106
Frequenzmaß 119
Frequenzmodulation 74
Frequenzmultiplex 71
Frequenzverfahren 72
Frequenzweiche 7
Fünfnadeltelegraph 8

Gabelschaltung 69
Gabelumschalter 26
Galvanoskop 6
Gegensprechbetrieb 69
Gemeinschaftsleitung 26

Geräusch 54
Gesamtdämpfung 119
Gesamtleistung 122
Gespräch 30
Gleichrichtung 76
Grenzfrequenz 18, 108, 109
Gruppe 32
Gruppenbildung 32
Gruppenwähler 34
Güte 117

Hakenumschalter (HU) 26
Halbton 119
Halbwertzeit 117
Handapparat 26, 30
Handvermittlung 27, 28, 30
Hauptinduktivität 101
Hauptresonanz 104
Hauptverkehrsstunde 29
Hebdrehwähler 34
Hellfax 36
Hell-Schreiber 15, 18
Helmholtz-Resonator 22
Hilfsstromkreis 31
Hörbereich 81
Hörer 26
Hörkapsel 23, 24, 43
Hörschwelle 120
Hundertergruppe 34

Ikonoskop 39
Induktivitätsbelag 93
Informationstheorie 1, 116

Kammerton 120
Kanal 72
Kanalkapazität 111, 115
Kapazitätsbelag 93
Kathodenstrahlröhre 41
Kehrlage 76
Kernleitwert 86
Kernwiderstand 86
Kettenparameter 85
Klang 54
Klemmenleistung 122
Klemmenspannung 120, 124
Klemmenstrom 120, 124
Klemmenwirkleistung 125, 126
—, maximal mögliche 126

Klirrfaktor 110
Kohlegrieß 21
Kohlekörnermikrophon 21
Kolbenmembran 49
Kollektor 8, 9
Kombinationsschwingungen 110
Kompensation, kombinatorische 81
Kompensator 56
Kondensator 29
Konsonanten, stimmhafte 81
—, stimmlose 81
Kontakt 20
— aus Kohle 20
Kontaktwiderstand 20
Konzentration 32
Koppelfelder 31
Koppelpunkt 33
Kraftgesetz, lineares 42
—, quadratisches 23, 42
Kreuzschienenwähler 31
Kugelstrahler 47
Kurzschluß, akustischer 49
Kurzschlußkernwiderstand 85
Kurzschlußleistung (siehe Quellen-
    leistung) 122
Kurzschlußstrom (siehe Quellen-
    strom) 120
Kurzschlußstromverhältnis 85
Kurzschlußwicklung 35
Kurzschlußwiderstand 88

Laufzeit 64
Laufzeitverzerrung 108
Lautsprecher, elektrodynamischer
    49
Lautstärke 52, 53
—, Kurven gleicher 54
Leerlaufkernleitwert 85
Leerlaufspannung (siehe Quellenspan-
    nung) 120
Leerlaufspannungsverhältnis 85
Leerlaufwiderstand 88
Leistungsanpassung 100, 120
— bei Gleichstrom 121, 124
— bei Wechselstrom 124
—, schmalbandige 128
Leistungsanpassungsfehler, relativer
    132
Leitung 92
—, Ersatzbild 94

Leitungsbündel 33
Leitungsnachbildung 25, 70
Leitungstheorie 92
Leitungsverluste 93
Leitungswähler 31, 34
Lenzsche Regel 35
Liniennetz 26
Luftspalt 28
Luftspaltinduktion 23

Magnetfeldkoppler 31
Maschennetz 26
Mehrfachausnutzung 71
Mehrfachübertragung von Meßwerten
    59
Membran 20
Membran-Abstimmung 52
Membran-Eigenresonanz 22, 50
Meßwert 55
Meßwertübertragung 56
Meßwertverstärker 56
Meßwertwandler 55
Mikrophon 20
Modulation 73
Modulationsgrad 75
Morse-Code 10, 12
Morse-Farbschreiber 11
Morse-Telegraph 10

Nachhallzeit 117
Nachricht 1, 5
Nachrichteneinheit 114
Nachrichtenelement 3
—, diskretes 3
Nachrichtenfluß 111, 114
Nachrichtenkanal 114
Nachrichtenmenge 114
Nachrichtenquelle 3
—, oligosemantische 6
—, polyangelmatische 3
Nachrichtensenke 3
Nachrichtensystem 3
Nachrichtentechnik 2
Nebensprechen 64
Neper 91, 119
Netzbereich 68
Netzebene 68
Nipkow-Lochscheibe 38
Normalgenerator 120

Nummernschalter 34
Nummernschalterimpulskontakt (nsi) 28
Nummernscheibe 34
Nutzungsgrad, energetischer 122

OB-Betrieb 24
Oktave 119
Organisationen 132
Ortsbatteriebetrieb 24
Ortsnetz 28
oszillierend 56

Parallelcode 8
Parallelresonanz 104
Party-Line 26
Pegeldiagramm 67, 134ff.
Pegelplan 68
Pegelwert 120
Phasenbelag 96
Phasenlaufzeit 106
Phasenmodulation 74
Phasenverzerrung 108
Phon 54
Photozellen 39
polarisiert 23
Poyntingscher Vektor 93
Prüfader 30
psychophysiologische Funktion 52
Pulsamplitudenmodulation 73, 78
Puls-Code-Fernmeßverfahren 59
Pulscodemodulation 78, 115
Pulsfrequenzmodulation 78
Pulsphasenmodulation 73, 78

Quantisierung 4, 5, 58, 115
Quellenleistung 122
Quellenspannung 115, 120
Quellenstrom 120, 125
Quellenwirkleistung 125, 126

Raumgeräusche 22
Regellage 76
Reihenanlage 26
Reihenresonanz 104
Relais 28
—, abfallverzögertes 35
Relaisstation 68
Relaiswandler 20
Relaiswicklung 28
relevant 59

Relevanz 1
Restseitenband 76
Reziprozitätstheorem 42, 86
Richtcharakteristik 51
Rückhördämpfung 25
Rückkopplung, akustische 25
Rückkopplungskreis 69
Ruf 29, 31
Rufstrom 30
Ruhekontakt 28
Ruhestromtelegraphie 10, 11
Rundfunkübertragung 76

Satellitenübertragung 71
Schallabstrahlung 48
Schalldruck 45, 120
Schallfeld 41, 44
Schallintensität 120
Schallkennimpedanz 45, 46
Schallpegel 120
Schallpegeldiagramm 137
Schallschwingung 20
Schallstrahlungsimpedanz 48
Schauzeichen 30
Scheinleistung 125
Schleifenstrom 34
Schleifenüberwachung 28
Schlüssel 3
Schlußzeichen 30
Schlußzeichenabgabe 28
Schnelle 44
Schnellewandler 44
Schnurpaar 30
Schreibweise, komplexe 83, 105
Schritt (Telegraphie) 17
Schrittfrequenz 17
Schrittgeschwindigkeit 17
Schrittschaltwähler 30, 31
Schwingungsgehalt 110
Seekabeltelegraphie 11
Seitenband 76
Seitenverhältnis 40
Selbsterregung 69
selbsttätige Gefahrenmeldeanlagen 55, 62
Selektionsverfahren 6
Selektor 9
Semantik 1
Sendefunktion 105
—, sinusförmige 106

Sendegerät 3
Seriencode 8
Signale 2
Signalfunktion 2
Signalquader 111, 115
Silbenverständlichkeit 82
Sinnesorgane 119
Spannungsquellen-Ersatzbild 121
Speicher 3
Spektrum (AM) 76
Sperrschritt 14
Spiegelbildverfahren 61
Sprache 19, 80
Sprachlaute 19, 80
Sprachsignale 29
Sprechkapsel 20, 24
Sprechstelle 36
Sprechwechselströme 29
Sprungfunktion 108
Start-Stop-Prinzip 11, 14, 61
Sternnetz 27
Störabstand 68, 112
störanfällig 29
Störsignale 29, 111
—, nachrichtenähnliche 111
—, periodische 111
—, unregelmäßige 111
Störungen 64
Streuinduktivität 101
Streuresonanz 104
Streuung 100
Stromquellen-Ersatzbild 121
Stromwärmeverluste 35
Synchronisation 11, 15, 59
Systemleistung (siehe Gesamtleistung) 122
Systemtheorie 111

Teilnehmer 29
Teilnehmerapparat 25
Teilnehmerleitung 29
Teilnehmerrelais 30
Teilschwingungen, harmonische 109
Telegraph, elektrolytischer 6
—, elektrostatischer 6
Telegraphencode 3, 8
Telegraphenrelais 64, 65
Telegraphierfrequenz 17, 37
Telegraphiergeschwindigkeit 17, 18, 37, 109

Telegraphierleistung 18
Telegraphiersignale 80
Telephon 20
—, elektrodynamisches 41
Telephonie 19
Television 38
Tiefabstimmung 50
Tiefpaß, idealisierter 108
Tiefpaßsystem 18
Tischapparat 26
Ton 54
Tonleiter 119
Träger 73
Trägerstrom 71
Transformator 100
Trennstrom 13

Übertrager 100
—, Ersatzbild 101
—, Grenzfrequenzen 103
—, idealer 100
—, leerlaufender, Ortskurve des Eingangswiderstandes 104
—, realer 100
—, Resonanzen 104
Übertragungsbereich 103
Übertragungsfaktor 42
—, komplexer 105
—, —, Betrag und Phase 105
Übertragungsfunktion 106
Übertragungskanal 112, 115
Übertragungssystem 3, 83
—, verzerrungsfreies 107
Übertragungstechnik 19
Übertragungswinkel 106
Übertragungszeit 38
Ummagnetisierungsverluste 23, 101
Umschaltkontakt 28
Unterbrechung, impulsartige 34
Unterteilung, dekadische 32
Urspannung (siehe Quellenspannung) 115, 120
Urstrom (siehe Quellenstrom) 120, 125

Verbände und Vereine 132
Verbindung 29
Verbindungsabbau 28
Verbindungsaufbau 28, 34
Verbindungsklinke 30

Verbindungsorgane 29
Verbindungsweg 29, 32
Verbraucherleistung 122
Vergleichsmaßstäbe, logarithmische 117
Verkehrsleistung 29
Verlustfaktor 117
Vermittlungsstelle (VSt) 27
Vermittlungstechnik 26
Verstärker 64
Verzerrung 107
—, lineare 22, 64, 107
—, nichtlineare 22, 64, 109
Verzögerungszeit 35
Vielfachschaltung 31
Vierdrahtbetrieb 70
Vierpol 85
—, kernsymmetrischer 86
—, kopplungssymmetrischer 86
—, reziproker 86
—, symmetrischer 87
—, torsymmetrischer 67
—, umkehrbarer 86
—, widerstandssymmetrischer 87
Vierpoltheorie 85, 92
Vokale 80
Vorwähler 31

Wählscheibe 31
Wählvermittlung 27, 28, 30
Wählvermittlungsstelle 33
Wählvermittlungstechnik 36
Wählzeichen 28, 31
Wärme, spezifische 46
Wärmerauschen 64
Wahl, erzwungene 31, 32
—, freie 31
Wahlimpulse 34
Wahrnehmung 119
Wandapparat 26
Wandler, elektroakustischer 20, 41, 43
—, elektrodynamischer 23, 43
—, elektromagnetischer 22, 43
—, reversibler 42
—, reziproker 42
Wartungsaufwand 29
Wartungsbedarf 33

Wechselstromtelegraphie 72
Wechselstromwecker 29
Wecker 29
Weicheisenkern 23
Weitverkehrstechnik 63
Wellenanpassung 90
Wellendämpfung einer Leitung bei hohen Frequenzen 98
Wellendämpfungsmaß 87, 91
— einer Leitung 94, 96
Wellenparameter, Frequenzabhängigkeit 97
—, Näherungsformeln 97
Wellenwiderstand 87, 89, 90
— des Vakuums 45, 100
— einer Leitung 94
— — — bei hohen Frequenzen 99
Wellenwinkel 91
Welligkeit 110
Wicklungskapazitäten 104
Wicklungsverluste 23, 101
Widerstandsbelag 94
Widerstandstransformation 100
Wirkleistung, maximal abgebbare 127
Wirkungsgrad, energetischer 24, 122
Wirtschaftlichkeit 32

ZB-Betrieb 25
Zehnergruppe 34
Zeichenstrom 13
Zeilensprungverfahren 40
Zeilenzahl 40
Zeitgesetz der Nachrichtentechnik 38, 115
Zeitkonstante 117
Zeitmultiplex 59, 71
Zeitmultiplexverfahren 72
Zeitraster 73
Zentralbatteriebetrieb 25, 28, 29
Zentralumschalter 27
Zischlaute 81
Zwangspause 35
Zweibandbetrieb 71
Zweidrahtbetrieb 70
Zweipol 85
—, aktiver 120
Zweipolquelle 120
Zweitor 85

# Literatur zur Nachrichtentechnik aus dem Springer-Verlag — Eine Auswahl

## Mechanik, Akustik und Wärmelehre

Von **R. W. Pohl.** 16., verbesserte und ergänzte Auflage
Mit 591 Abbildungen, darunter 15 entlehnten
364 Seiten. 1964. (Einführung in die Physik, Band I)
Gebunden DM 36,—; US $ 9.00

## Elektrizitätslehre

Von **R. W. Pohl.** 20., verbesserte und ergänzte Auflage. Mit 580
Abbildungen. 357 Seiten. 1967. (Einführung in die Physik, Band II)
Gebunden DM 39,—; US $ 9.75

## Einführung in die theoretische Elektrotechnik

Von **K. Küpfmüller.** 9., verbesserte und erweiterte Auflage
Mit 595 Abbildungen
569 Seiten. 1968. Gebunden DM 39,—; US $ 9.75

## Theorie und Technik der Pulsmodulation

Von **E. Hölzler** und **H. Holzwarth**
Mit 417 Abbildungen und 3 Tafeln
519 Seiten. 1957. Gebunden DM 57,—; US $ 14.25

## Nachrichtenübertragung

Grundlagen und Technik. Unter Mitarbeit zahlreicher Fachleute
herausgegeben von **E. Hölzler** und **D. Thierbach.**
Mit 417 Abbildungen. 947 Seiten. 1966
Gebunden DM 88,—; US $ 22.00

## Nachrichtentechnik

Eine einführende Darstellung. Von **K. Steinbuch** und **W. Rupprecht**
Mit 460 Abbildungen. 474 Seiten. 1967
Gebunden DM 48,—; US $ 12.00

## Taschenbuch der Nachrichtenverarbeitung

Unter Mitwirkung zahlreicher Fachleute und redaktioneller
Bearbeitung durch S. W. Wagner
herausgegeben von **K. Steinbuch.** 2., überarbeitete Auflage
Mit 1204 Abbildungen. 1510 Seiten. 1967
Gebunden DM 108,—; US $ 27.00

## Taschenbuch der Hochfrequenztechnik

Unter Mitarbeit zahlreicher Fachleute herausgegeben von
**H. Meinke** und **F. W. Gundlach.** 3., verbesserte Auflage
Mit etwa 2400 Abbildungen. 1699 Seiten. 1968
Gebunden DM 98,60; US $ 24.65

# Heidelberger Taschenbücher


1   M. Born: Die Relativitätstheorie Einsteins
    4. Auflage. Mit 143 Abbildungen. 341 Seiten. 1964. DM 10,80

2   K. H. Hellwege: Einführung in die Physik der Atome
    2., erweiterte Auflage. Mit 80 Abbildungen. 170 Seiten. 1964. DM 8,80

3   W. Weidel: Virus und Molekularbiologie
    2., erweiterte Auflage. Mit 26 Abbildungen. 168 Seiten. 1964. DM 5,80

4   L. S. Penrose: Einführung in die Humangenetik
    Mit 32 Abbildungen. 129 Seiten. 1965. DM 8,80

5   H. Zähner: Biologie der Antibiotica
    Mit 68 Abbildungen. 121 Seiten. 1965. DM 8,80

6   S. Flügge: Rechenmethoden der Quantentheorie
    3. Auflage. Mit 30 Abbildungen. 291 Seiten. 1965. DM 10,80

7/8 G. Falk: Theoretische Physik I und Ia
    auf der Grundlage einer allgemeinen Dynamik
    Band 7: Elementare Punktmechanik (I).
    Mit 29 Abbildungen. 162 Seiten. 1966. DM 8,80
    Band 8: Aufgaben und Ergänzungen zur Punktmechanik (Ia).
    Mit 37 Abbildungen. 160 Seiten. 1966. DM 8,80

9   K. W. Ford: Die Welt der Elementarteilchen
    Mit 47 Abbildungen. 254 Seiten. 1966. DM 10,80

10  R. Becker: Theorie der Wärme
    Mit 124 Abbildungen. 332 Seiten. 1966. DM 10,80

11  P. Stoll: Experimentelle Methoden der Kernphysik
    Mit 79 Abbildungen. 190 Seiten. 1966. DM 10,80

12  B. L. van der Waerden: Algebra I
    7., neubearbeitete Auflage der Modernen Algebra.
    283 Seiten. 1966. DM 10,80

13  H. S. Green: Quantenmechanik in algebraischer Darstellung
    114 Seiten. 1966. DM 8,80

14  A. Stobbe: Volkswirtschaftliches Rechnungswesen
    Mit 17 Schaubildern. 270 Seiten. 1966. DM 10,80

15  L. Collatz/W. Wetterling: Optimierungsaufgaben
    Mit 38 Abbildungen. 193 Seiten. 1966. DM 10,80

16/17  **A. Unsöld: Der neue Kosmos**
Mit 143 Abbildungen. 366 Seiten. 1967. DM 18,—

18  **F. Lembeck/K.-F. Sewing: Pharmakologie-Fibel**
Tafeln zur Pharmakologie-Vorlesung
125 Seiten. 1966. DM 5,80

19  **A. Sommerfeld/H. Bethe: Elektronentheorie der Metalle**
Mit 60 Abbildungen. 298 Seiten. 1967. DM 10,80

20  **K. Marguerre: Technische Mechanik**
1. Teil: Statik.
Mit 235 Figuren. 138 Seiten. 1967. DM 10,80

21  **K. Marguerre: Technische Mechanik**
2. Teil: Elastostatik.
Mit 200 Figuren. 144 Seiten. 1967. DM 10,80

22  **K. Marguerre: Technische Mechanik**
3. Teil: Kinetik.
Mit 201 Figuren. 165 Seiten. 1968. DM 12,80

23  **B. L. van der Waerden: Algebra II**
5. Auflage der Modernen Algebra.
312 Seiten. 1967. DM 14,80

24  **M. Körner: Der plötzliche Herzstillstand**
Akuter Herz- und Kreislaufstillstand.
Mit 18 Abbildungen. 125 Seiten. 1967. DM 8,80

25  **W. Reinhard: Massage und physikalische Behandlungsmethoden**
Mit 52 Abbildungen. 87 Seiten. 1967. DM 8,80

26  **H. Grauert/I. Lieb: Differential- und Integralrechnung I**
Funktionen einer reellen Veränderlichen.
Mit 25 Abbildungen. 210 Seiten. 1967. DM 12,80

27/28  **G. Falk: Theoretische Physik II und II a**
Band 27: Allgemeine Dynamik. Thermodynamik (II).
Mit 35 Abbildungen. 228 Seiten. 1968. DM 14,80
Band 28: Aufgaben und Ergänzungen zur Allgemeinen Dynamik und
Thermodynamik (II a).
Mit 29 Abbildungen. 178 Seiten. 1968. DM 12,80

29  **P. D. Samman: Nagelerkrankungen**
Übersetzt aus dem Englischen von E. Christophers.
Mit 126 Abbildungen. Etwa 136 Seiten. 1968. DM 14,80

30  **R. Courant /D. Hilbert: Methoden der mathematischen Physik I**
3. Auflage. Mit 26 Abbildungen. 483 Seiten. 1968. DM 16,80

**31   R. Courant / D. Hilbert: Methoden der mathematischen Physik II**
2. Auflage. Mit 57 Abbildungen. 565 Seiten. 1968. DM 16,80

**32   F. W. Ahnefeld: Sekunden entscheiden — Lebensrettende Sofortmaßnahmen**
Mit 63 Abbildungen. 92 Seiten. 1967. DM 6,80

**33   K. H. Hellwege: Einführung in die Festkörperphysik I**
Mit 98 Abbildungen. 178 Seiten. 1968. DM 9,80

**36   H. Grauert/W. Fischer: Differential- und Integralrechnung II**
Differentialrechnung in mehreren Veränderlichen.
Mit 25 Abbildungen. 228 Seiten. 1968. DM 12,80

**37   V. Aschoff: Einführung in die Nachrichtenübertragungstechnik**
Mit 121 Abbildungen. 155 Seiten. 1968. DM 11,80

**38   R. Henn/H. P. Künzi: Einführung in die Unternehmensforschung I**
Mit etwa 25 Abbildungen. Etwa 145 Seiten. 1968. DM 10,80

**39   R. Henn/H. P. Künzi: Einführung in die Unternehmensforschung II**
Mit etwa 60 Abbildungen. Etwa 225 Seiten. 1968. DM 12,80

**40   M. Neumann: Kapitalbildung, Wettbewerb und ökonomisches Wachstum**
Mit 23 Abbildungen. 217 Seiten. 1968. DM 9,80

**41   G. Martz: Die hormonale Therapie maligner Tumoren**
Endokrine Behandlungsmethoden des metastasierenden Mamma-,
Prostata- und Uterus-corpuscarcinoms.
Etwa 100 Seiten. 1968. DM 8,80

**42   W. Fuhrmann/F. Vogel: Genetische Familienberatung**
Ein Leitfaden für den Arzt.
Mit 27 Abbildungen. 106 Seiten. 1968. DM 8,80

**43   H. Grauert / I. Lieb: Differential- und Integralrechnung III**
Integrationstheorie. Kurven- und Flächenintegrale.
Mit 25 Abbildungen. 230 Seiten. 1968. DM 12,80

**44   J. H. Wilkinson: Rundungsfehler**
Übersetzt von G. Goos.
Mit 3 Abbildungen. Etwa 208 Seiten. 1968. DM 14,80

**45   G. H. Valentine: Die Chromosomenstörungen**
Eine Einführung für Kliniker. Übersetzt von Elisabeth Wolf.
Mit etwa 75 Abbildungen. Etwa 150 Seiten. 1968. DM 14,80

**46   D. Eastham: Klinische Hämatologie**
Übersetzt von G. Ruhrmann.
Etwa 132 Seiten. 1968. DM 8,80


**Bitte Gesamtverzeichnis der Reihe anfordern!**

*Volker Aschoff*

Geboren 14. Juni 1907
Schule: Human. Friedrichsgymnasium, Freiburg
Studium: Bonn, Danzig, Karlsruhe
Diplom 1932, Dr.-Ing. 1936, Dr.-Ing. habil. 1942
1937 bis 1945 AEG, 1946 bis 1950 W. Zeh KG
Seit 1950 ord. Professor für Elektrische Nachrichten-
technik, Technische Hochschule Aachen

ISBN 978-3-540-04181-8